T0135849

HISTOIRE ET PHILOSOPHIE DES SCIENCES
sous la direction de Bernard Joly et Vincent Jullien
19

Kepler, rénovateur de l'optique

Ouvrage publié avec le soutien
du Fonds de la recherche scientifique – Flandre (FWO)

Gérard Simon

Kepler, rénovateur de l'optique

Édition par Delphine Bellis et Nicolas Roudet

Préface d'Édouard Mehl

PARIS
CLASSIQUES GARNIER
2019

Nicolas Roudet a soutenu à l'université de Lille en 2001 une thèse consacrée aux rapports entre cosmologie et théologie chez Kepler, sous la direction de François de Gandt.

Delphine Bellis est maître de conférences en philosophie et histoire des sciences à l'université Paul-Valéry – Montpellier III. Ses travaux sont consacrés aux interactions entre la philosophie et les sciences (en particulier l'optique) à l'époque moderne. Auteur de plusieurs articles sur Descartes et Gassendi, elle participe à une édition de la correspondance de Descartes.

ISBN 978-2-406-08013-8 (livre broché)
ISBN 978-2-406-08014-5 (livre relié)
ISSN 2117-3508

À Anne et Jean Simon.

ABRÉVIATIONS

A.P.O.   Kepler, *Ad Vitellionem Paralipomena*.

AT   *Œuvres de Descartes*, 12 vol., éd. Charles Adam et Paul Tannery, nouvelle présentation par Bernard Rochot et Pierre Costabel, Paris, J. Vrin, 1964-1974.

EN   *Le Opere di Galileo Galilei. Edizione Nazionale sotto gli auspicii di sua maesta il re d'Italia*, 20 vol., éd. Antonio Favaro, Firenze, Barbera, 1890-1909.

GW   KEPLER, *Gesammelte Werke*, 22 vol., éd. Max Caspar, Franz Hammer [*et alii*], München, C. H. Beck, 1938-2017.

OC   *Œuvres complètes de Christiaan Huygens*, 23 vol., La Haye, Martinus Nijhoff, 1888-1950.

NOTE PHILOLOGIQUE

Le 8 juin 1976, Gérard Simon (1931-2009) soutenait une thèse devant l'université de Paris IV, sous la direction de Ferdinand Alquié, intitulée *Structures de pensée et objets du savoir chez Kepler*. Comme le rappelle Édouard Mehl dans sa préface, elle fut publiée en 1979 chez Gallimard sous le titre *Kepler astronome astrologue*, dans une version très remaniée et amputée des pages consacrées à l'optique.

Le texte donné ici reprend la troisième partie de la thèse. Intitulée « La rénovation de l'optique », elle comprend trois chapitres (VII, VIII, IX) et court des pages 386 à 589. La pagination originale est rappelée entre crochets droits. Nous avons repris scrupuleusement le texte de Gérard Simon. Notre intervention s'est limitée à donner, chaque fois que possible, les références internes au *Kepler astronome astrologue*, ainsi que celles aux *Kepler Gesammelte Werke*. Dans de très rares cas, nous avons modifié le texte pour l'actualiser : nos modifications sont insérées entre crochets (p. 49, par exemple, l'expression « lecteur du XXe siècle » a été changée en « lecteur [d'aujourd'hui] »).

Nous avons également ajouté ou précisé quelques références bibliographiques en note : ces ajouts sont signalés par la mention *NdE*. Enfin, nous avons procédé à quelques modifications concernant la ponctuation et l'orthographe des noms propres. Ainsi avons-nous retenu les orthographes suivantes : keplérien-ne, Maurolico, Moerbeke, Platter, Tycho Brahe.

Les schémas sont tantôt repris des *Kepler Gesammelte Werke* édités à Munich, chez Beck, tantôt de Gérard Simon lui-même (figures n° 5, 9, 10, 12, 13ab, 15, auxquelles l'auteur renvoie par la mention « notre fig[ure] »).

La bibliographie originale de Gérard Simon a été complétée pour rendre compte des travaux en histoire de l'optique publiés jusqu'en décembre 2018. Les indices sont de nous.

Nous remercions Édouard Mehl, à qui l'on doit l'initiative de publier cette partie inédite de la thèse de Gérard Simon ; Anne et Jean Simon, qui ont accepté de céder les droits et ont soutenu ce projet ; Pierre Jeandillou, Bernard Joly et Édouard Mehl qui ont contribué à la saisie du texte ; Nicole Heyd (SCD de l'université de Strasbourg), qui a numérisé les illustrations des Paralipomènes à Vitellion *de Kepler et de l'*Optique *d'Alhazen (collections de la BNU de Strasbourg en dépôt à l'Unistra).*

La journée d'étude « Gérard Simon, le philosophe et l'historien », organisée par Édouard Mehl et Nathalie Queyroux au Caphès (ENS, Paris) le 7 octobre 2015, a permis la préparation de cet ouvrage. Nous remercions les organisateurs et les participants, en particulier Jean Ceylerette, Philippe Hamou, Isabelle Pantin et Sabine Rommevaux.

PRÉFACE

Insolite monolithe, *Kepler astronome astrologue* de Gérard Simon (Gallimard, 1979, Prix Broquette-Gonin de l'Académie Française), est un livre majeur qui ne cesse d'étonner aujourd'hui encore, tant par la richesse et la précision de sa documentation scientifique, que par l'originalité, sinon même l'étrangeté de son projet. Il est issu d'une thèse d'État, soutenue quelques années auparavant sous la direction de Ferdinand Alquié, intitulée « Structures de pensée et objets du savoir chez Kepler » (Paris IV, 1976). Ce travail monumental comportait une section centrale consacrée à la théorie optique de Kepler, qui n'a pas été reprise dans la publication de 1979, et que le lecteur pourra découvrir ici, dans une réédition dont nous devons la très grande qualité à l'implication de jeunes et talentueux chercheurs : Delphine Bellis (université Paul-Valéry de Montpellier), Nicolas Roudet (université de Strasbourg) et Pierre Jeandillou (doctorant, université de Lille).

Il y avait à ce remaniement de la thèse différentes raisons, que nous pouvons succinctement exposer ici. La première est obvie : elle tient, simplement, à la longueur d'une monographie universitaire qu'il fallait impérativement raccourcir pour la rendre plus accessible, digeste et lisible. La seconde est circonstancielle : un an après la soutenance de la thèse de Gérard Simon, en 1977, Catherine Chevalley consacrait une thèse au texte de référence de l'optique keplérienne : les *Paralipomènes à Vitellion*. Un accord avait alors été proposé à Gérard Simon par Pierre Costabel, membre de son jury de thèse, et directeur de Catherine Chevalley, pour faire en sorte que le travail de Simon, dont l'optique n'était qu'un des centres d'intérêt, n'ôte point la primeur à l'édition française des *Paralipomènes*, traduits et annotés par C. Chevalley (Vrin, 1980)[1].

---

[1]   Le CAPHÉS (UMS 3610), dépositaire des archives Gérard Simon, conserve une lettre de Pierre Costabel, en date du 9 mars 1976, faisant état de ce problème, et de son embarras. À cela s'ajoutait le fait – mentionné dans cette même lettre – que Paul-Louis Cousin travaillait alors, également sous la direction de P. Costabel, à une traduction du *Mysterium*

Mais la raison la plus fondamentale est purement philosophique, et mérite qu'on s'y arrête plus longuement. La thèse, *Structures de pensée et objets du savoir chez Kepler*, a une longue et passionnante histoire : débutée en 1965 sous la direction de Ferdinand Alquié, elle portait initialement pour titre « Science et vision du monde chez Descartes et Kepler ». Depuis ses premières années d'études, Gérard Simon n'a cessé de réfléchir au paradoxe que constitue l'étroite proximité de l'optique de Descartes avec celle de Kepler, en même temps que la distance maximale qui les sépare au point de vue de l'*épistémè*, ou plutôt de ce que Gérard Simon appelle des « structures de pensée ». De fait, des recherches sur l'anaclastique à la découverte cartésienne de la loi de sinus, tout rapproche le mathématicien impérial du jeune soldat français – qui, rappelons-le, séjournait près de Ulm, dans une région où le nom de Kepler n'était inconnu de personne au moment de la parution de l'*Harmonice mundi*. Mais, de la réduction du corps à la seule *res extensa* de l'un aux obscures théories animistes de l'autre, ou de la théologie mathématicienne des figures « cosmopoïétiques » à la création des vérités éternelles, il semble qu'on puisse malaisément imaginer plus grand écart, et plus nette différence. Identité des « objets » et différence au moins des styles, sinon des « structures de pensée », voilà ce que Gérard Simon avait initialement donné comme thème à ses recherches.

Le terme même de « structures de pensée » n'était pas dépourvu d'équivoque ; une étude plus approfondie – qui reste à faire – montrerait comment Gérard Simon a voulu tracer avec cette catégorie originale une voie moyenne entre l'*épistémè* de l'archéologie foucaldienne et les « structures mentales » que son maître de thèse, Ferdinand Alquié, identifiait comme l'objet même d'une histoire philosophique de la philosophie. Mais il reste un point décisif, qui pourrait expliquer à lui seul l'abandon de la partie optique de la thèse de 1976 : s'enquérant de la manière dont ces structures formelles (qui ne sont ni décrites ni thématisées par ceux dont elles gouvernent et commandent les décisions philosophiques) sont accessibles à l'historien, Simon en est progressivement venu à l'idée que c'est surtout par *leur vacuité et leur inconsistance* que les « objets du savoir »

Cosmographicum de Kepler, dont Costabel annonçait à Simon la parution pour l'année à venir (1977). Cousin avait d'ailleurs déjà informé G. Simon de son travail par un courrier en date du 29 mai 1973. Mais cette traduction n'a en fait vu le jour qu'après reprise du travail et révision en profondeur par Alain-Philippe Segonds (Kepler, *Le Secret du Monde*. Paris, Les Belles Lettres, 1984).

sont à même de révéler les « structures de pensée » sous-jacentes : « La spéculation [de Kepler], qui va de l'influence des astres à l'origine du monde et aux fins du Créateur, libère la pensée de la contrainte de l'objet dans la mesure où elle se donne à elle-même des pseudo-objets : et cette pensée en liberté, laissée à elle-même, révèle le mieux ce que sont les structures qui la sous-tendent[2] ».

Au regard de cette authentique phénoménologie des structures de pensée, on pourrait dire que, comme la géométrie pure ou les mathématiques de l'astronomie, l'optique appartient à l'histoire des sciences, homogène et de plain-pied avec nos propres critères de rationalité scientifique. C'est dire que l'optique de Kepler correspond finalement trop bien à notre définition actuelle de ce qu'est une *science*, là où toute la démonstration de Simon exigeait justement qu'on s'intéressât davantage aux *savoirs* aujourd'hui relégués à l'obscurité d'un cabinet des curiosités – ce dont l'astrologie constituait évidemment l'exemple paradigmatique. Bref, la démarche même et le propos de *Kepler astronome astrologue*, pouvaient parfaitement justifier que la publication de cette partie optique fût différée et remise à plus tard.

Gérard Simon a enseigné pendant toute sa carrière académique à l'université de Lille où il avait créé, avec Noël Mouloud, le CRATS (Centre de recherche sur l'analyse et la théorie des savoirs) aujourd'hui intégré dans l'UMR STL. Il était donc bien normal que l'UMR Savoirs, Textes, Langage (UMR 8163 du CNRS, université de Lille) lui rendît hommage, et contribuât, dans le cadre de sa thématique « différenciation et mutation des savoirs » à la réédition de ce texte fondateur pour la recherche en épistémologie et histoire des sciences. Nous remercions chaleureusement les éditeurs, Bernard Joly et Vincent Jullien, pour l'accueil qu'ils font aujourd'hui à ce travail.

Édouard MEHL, mars 2017.

---

2   Document inédit de présentation de la thèse. Fonds Gérard Simon, CAPHES (ENS).

INTRODUCTION

Lumière, visible, vision :
L'optique keplérienne et l'émergence
du sujet moderne selon Gérard Simon

« Pourquoi écrire un livre sur Kepler, sinon par goût d'une érudition suicidaire ? » C'est avec cette interrogation provocatrice et spirituelle que Gérard Simon débutait l'introduction à sa thèse intitulée *Structures de pensée et Objets du savoir chez Kepler*, soutenue à la Sorbonne en 1976[1]. Pour prolonger cette question, il conviendrait d'ajouter : « Pourquoi lire aujourd'hui la *pars optica* de la thèse de Gérard Simon, sinon par goût d'une érudition suicidaire ? » Gérard Simon, dans l'introduction à sa thèse, s'était efforcé de montrer tout l'intérêt de sa démarche d'historien et de philosophe qui avait choisi un objet d'étude rien moins qu'évident à l'époque, qui plus est sous la direction de Ferdinand Alquié, Professeur à la Sorbonne, qui n'était pas spécialiste d'histoire des sciences, mais plutôt d'histoire de la philosophie du XVIIᵉ siècle. De même, nous voudrions ici nous efforcer de mettre en évidence l'intérêt que présente, non seulement pour l'histoire des sciences mais aussi pour l'histoire de la philosophie et la philosophie des sciences, les travaux de Gérard Simon sur l'optique de Kepler amorcés dans sa thèse. Car si cette thèse représente une contribution intellectuelle importante qui mérite d'être publiée quelques quarante années plus tard, c'est qu'elle n'a pas seulement apporté une pierre de plus à l'histoire des sciences de la Renaissance. À divers égards, elle renouvelle complètement l'approche de son objet et dessine des orientations méthodologiques fécondes qui vont au-delà de la seule histoire des sciences.

À l'aune de quelques indications sur les différents traitements interprétatifs reçus par l'optique keplérienne en histoire des sciences,

---

[1] Il la reprendra en tête de l'introduction à *Kepler astronome astrologue*, Paris, Gallimard, 1979, p. 7.

nous souhaiterions mettre en évidence ce que la méthode *philosophique* adoptée par Gérard Simon a changé. Pour ce faire, nous évoquerons deux aspects saillants indissociablement liés de son travail, à savoir le rapport structurant à Descartes et la réintégration de l'histoire de l'optique à l'histoire de la psychologie et de la philosophie. C'est ce qui permet, dans le passage de Kepler à Descartes, d'identifier rien de moins que l'émergence d'un nouveau type de subjectivité. À travers cette lecture philosophique de l'optique de Kepler, c'est en effet une généalogie originale de la conception du sujet moderne qui nous est offerte.

L'OPTIQUE DANS L'HISTOIRE DES SCIENCES
AVANT GÉRARD SIMON

Mais, pour commencer, contemplons brièvement le paysage historiographique dans lequel l'optique keplérienne avait d'abord trouvé place. Elle s'inscrit, dans des histoires de l'optique comme la *Geschichte der Optik* d'Emil Wilde (1838) ou dans celle d'Edmund Hoppe (1926), au titre des recherches menées par Kepler sur la loi de la réfraction, de sa découverte de l'image rétinienne en rapport avec la *camera obscura* et de son explication du fonctionnement de la lunette astronomique. Mais à aucun moment les motivations philosophiques ou religieuses de Kepler n'apparaissent dans ces reconstructions apurées qui semblent le présenter comme exclusivement concerné par les découvertes scientifiques positives auxquelles il parvient et qui font de lui le véritable fondateur de la science de l'optique[2]. Ou quand le contexte religieux et métaphysique des recherches de Kepler est mentionné, c'est à titre d'ombre au

---

2   *Cf.* par exemple Emil Wilde, *Geschichte der Optik.* Erster Theil, Von Aristoteles bis Newton, Berlin, Rücker und Püchler, 1838, p. 210, notre traduction : « Embrassons du regard l'ensemble des découvertes importantes dont Kepler a enrichi la dioptrique et alors nous ne devrons pas simplement le nommer le rénovateur et le promoteur de cette science, mais à juste titre son véritable fondateur. » (*„Ueberblicken wir die Menge wichtiger Entdeckungen, mit denen Kepler die Dioptrik bereicherte, so werden wir ihn nicht bloss den Erneuerer und Förderer dieser Wissenschaft, sondern mit Recht den eigentlichen Begründer derselben nennen müssen.“*)

tableau représentant un héros de la science. C'est le cas dans l'*Histoire de la science* dirigée par Maurice Daumas[3].

Une autre option interprétative consiste à faire de Kepler le précurseur d'idées scientifiques modernes comme dans la *Storia della luce* (1939) et *L'ottica scienza della visione* (1955) de Vasco Ronchi. Celui-ci est en particulier obsédé, pour ainsi dire, par la dimension psychologique, à l'œuvre dans toute perception visuelle, qui interfère avec les données objectives théoriquement mesurables et qui a été mise en évidence expérimentalement par la science contemporaine. Aussi la retrouve-t-il dès qu'il le peut dans sa lecture des théoriciens de l'optique au cours de l'histoire[4], et en particulier de Kepler avec son adhésion à un triangle distanciométrique par lequel serait évaluée la distance à laquelle se trouvent les objets vus. De même la lumière keplérienne, par sa dimension essentiellement métaphysique et mathématique, constituerait selon lui une « intuition prophétique » du front d'ondes lumineuses[5]. Comme on le voit, Ronchi cherche à « normaliser » les théories optiques du passé par une espèce de continuisme forcé, mais il en arrive à complètement défigurer la pensée des auteurs du passé, en particulier celle de Kepler.

Une autre solution, peut-être plus honnête intellectuellement, consiste tout simplement à exclure Kepler d'une histoire de l'optique moderne et à le reléguer dans un amont préscientifique. C'est le cas de l'ouvrage d'ailleurs remarquable d'Abdelhamid I. Sabra, *Theories of Light from Descartes to Newton*[6], qui opère un découpage chronologique de son objet qui exclut Kepler.

Enfin, quand certains historiens des sciences s'efforcent de déterminer la situation de Kepler dans l'histoire de l'optique, soit il est vu comme un révolutionnaire qui aurait mécanisé l'objet de

---

3   *Cf.* Maurice Daumas (dir.), *Histoire de la science*, Paris, Gallimard, 1957, p. 853.
4   Vasco Ronchi, *L'optique, science de la vision*, Paris, Masson, 1966, p. 27 (à l'occasion de son analyse de l'optique d'Alhazen) : « Nonobstant cette confusion, tous tombaient d'accord sur l'idée suivante : par un mécanisme ou un autre, les informations arrivent à l'œil et de là passent au cerveau où la psyché pourvoit à leur représentation ; et, par conséquent, le monde vu, le monde apparent, doit être considéré comme une entité purement psychique. »
5   *Ibid.*, p. 37. En 1971, David Lindberg publia une recension de la traduction anglaise de *Storia della luce* dans laquelle il relevait les nombreuses erreurs historiques commises par Ronchi : *cf.* « New Light on an Old Story », *Isis*, 1971, 62, p. 522-524.
6   A. I. Sabra, *Theories of Light from Descartes to Newton*, London, Oldbourne, 1967.

cette discipline (c'est le cas d'Alistair Crombie[7] et de Stephen Mory Straker[8]), soit il est réduit au rang d'héritier de l'optique médiévale perspectiviste inaugurée par Ibn al-Haytham (c'est l'interprétation avancée par David Lindberg[9]).

L'OPTIQUE COMME SCIENCE DE LA VISION
ou comment pratiquer une histoire des sciences authentiquement philosophique

Entre ces études et celle de Gérard Simon, il est assez aisé d'identifier des points de divergence interprétative notamment concernant l'importance déterminante des inventions techniques, le rapport de continuité ou de rupture de Kepler à l'égard de l'optique perspectiviste, ou la conception que Kepler se fait de la lumière. Gérard Simon refuse notamment de réduire la mutation de l'optique inaugurée par Kepler à une cause purement technique (par exemple à l'invention des lunettes d'observation), même s'il reconnaît le rôle qu'a joué la *camera obscura* dans la conceptualisation du fonctionnement de l'œil[10]. Il cherche en outre à comprendre comment Kepler en est venu à concevoir la lumière comme une entité physique bi-dimensionnelle impondérable sans y voir une forme de mécanisme avant l'heure.

Mais l'écart crucial se situe ailleurs, moins dans l'interprétation des découvertes keplériennes en optique ou même dans le rapport de

---

7   Alistair C. Crombie, « The Mechanistic Hypothesis and the Scientific Study of Vision », *Proceedings of the Royal Microscopical Society*, II, 1967, p. 1-112, repris dans A. C. Crombie, *Science, Optics and Music in Medieval and Early Modern Thought*, London and Ronceverte, The Hambledon Press, 1990, p. 175-284.

8   Stephen Mory Straker, *Kepler's Optics: a Study in the Development of Seventeenth-Century Natural Philosophy*, PhD dissertation, Indiana University, 1971. C'est aussi la vision de Kepler qu'ont, plus proches de nous, Ofer Gal et Raz Chen-Morris : *cf.* Ofer Gal et Raz Chen-Morris, « Baroque Optics and the Disappearance of the Observer: From Kepler's Optics to Descartes' Doubt », *Journal of the History of Ideas*, 71-2, 2010, p. 191-217.

9   David C. Lindberg, *Theories of Vision from Al-Kindi to Kepler*, Chicago and London, The University of Chicago Press, 1976.

10   Gérard Simon, *Archéologie de la vision. L'optique, le corps, la peinture*, Paris, Seuil, 2003, p. 213 : « On ne peut toutefois s'en tenir à une conception purement technique de la révolution optique de l'âge classique. »

Kepler à ses prédécesseurs, que dans le statut philosophique de l'optique keplérienne. L'approche de Gérard Simon se distingue surtout par sa dimension philosophique et méthodologique. Il n'écrit pas une histoire de l'optique, mais une analyse philosophique de la pensée scientifique de Kepler (en donnant au terme « scientifique » son acception la plus large et non uniquement ce que nous entendons par « science »). C'est donc une interrogation *philosophique* qui a d'abord guidé Gérard Simon vers la lecture de Kepler et vers l'histoire des sciences et c'est une histoire *philosophique* des sciences qu'il nous offre à lire. Cette dimension philosophique se décline à deux niveaux : d'une part, Gérard Simon adopte une méthode d'analyse sciemment philosophique, et presque ethnologique, que nous allons nous efforcer de caractériser ; d'autre part, par la reconstitution du contexte de formulation et de résolution de problèmes scientifiques, il est amené à repérer des enjeux philosophiques majeurs portant principalement sur le statut de la subjectivité voyante.

En ce qui concerne la méthode philosophique à l'œuvre dans *Structures de pensée et objets du savoir chez Kepler* et la façon dont elle reconfigure l'étude de l'optique keplérienne, il faut dans un premier temps reconnaître une influence assumée ou une convergence, du moins partielle, avec les pensées de Claude Lévi-Strauss et de Michel Foucault.

Gérard Simon a très tôt considéré qu'il y avait une « historicité de l'*a priori*[11] », c'est-à-dire que les catégories selon lesquelles nous raisonnons et tenons pour factuelle ou plausible telle ou telle chose sont déterminées par le contexte intellectuel au sens large (culturel, technique, social) dans lequel nous vivons et qui varie d'une époque à l'autre, qui peut même connaître des tournants ou des changements décisifs (le passage de Kepler à Descartes est un de ces tournants, il nous faudra y revenir). Il y a donc des « structures de pensée », c'est-à-dire de grandes constantes intellectuelles communes à une culture qui déterminent les objets possibles du savoir et dessinent un « champ épistémologique[12] ». Ces objets ne sont pas donnés *a priori* par une raison universelle et intemporelle, mais sont construits historiquement et, de ce fait, susceptibles d'évoluer et de dessiner des lignes de partage différentes par exemple

---

11   *Cf.* « De l'optique du passé aux savoirs contemporains », entretien avec Marcel Gauchet publié dans *Le Débat*, 1998, 102, p. 107-130, repris dans *Archéologie de la vision, op. cit.*, p. 245-269 (cit. p. 246).

12   *Cf. Structures de pensée et objets du savoir chez Kepler*, Université de Lille III, Service de reproduction des thèses, 1979, p. 10-11.

entre ce qui relève de la science ou ce qui n'en relève pas (l'astrologie ou l'alchimie sont de ce point de vue paradigmatiques). Du point de vue de la philosophie des sciences, cela doit nous inciter à remettre en question l'évidence même de son objet et reconnaître que la catégorie de « science » n'est pas un concept universel et éternel, mais bien une construction historique qui connaît des avatars aux formes multiples et qui entre dans un réseau de relations diverses avec les autres champs du savoir au cours de l'histoire. Certes, tout savoir n'est pas scientifique, mais il est des savoirs non-scientifiques qui ont un impact déterminant sur la constitution des théories scientifiques. En outre, nous sommes invités à rester méfiants quant à la valeur heuristique du génie singulier dans l'élaboration des sciences ; il y a souvent là une illusion qui procède en partie d'un oubli du contexte et de ces structures de pensée dont participent les théories scientifiques. Aussi devient-il possible d'identifier, au sein de la pensée de Kepler, un schème de l'analogie ou de la similitude dont *Les mots et les choses* (1966) avait déjà indiqué la prégnance à la Renaissance. Le monde de Kepler est « habité par des signes[13] » et sa conception de la causalité repose sur le principe de similitude, principe fort répandu dans la culture qui est la sienne. Seules les choses semblables peuvent agir les unes sur les autres. Ainsi la lumière keplérienne, dénuée de matière pondérale, traverse-t-elle plus facilement les corps peu denses[14].

Cette approche contextualiste, au sens large, s'efforce de reconstituer les contextes d'émergence des problèmes scientifiques et de leurs résolutions, c'est-à-dire d'identifier les problèmes que Kepler se pose et qu'il essaie de résoudre et non ceux que nous lui adressons du haut de nos connaissances scientifiques contemporaines. Dans le cas de l'optique, le problème qui se pose à Kepler s'énonce dans les termes de l'optique médiévale perspectiviste, même s'il finit par trouver sa résolution partielle hors d'elle[15] : il s'agit de rendre compte de la vision à partir de la propagation de rayons lumineux jusque dans l'œil. Gérard Simon s'installe bien dans un projet koyréen de reconstruction de l'histoire de la pensée scientifique, c'est-à-dire des concepts et problèmes qui façonnent l'élaboration des

---

13   *Ibid.*, p. 6.
14   *Ibid.*, p. 436-438 (ci-dessous, p. 68-70).
15   Kepler « croit prolonger » l'optique perspectiviste alors qu'il refonde la science de l'optique (*Structures de pensée et objets du savoir chez Kepler, op. cit.*, p. 391 ; ci-dessous, p. 39). Pour Gérard Simon, cette croyance est illusoire, pour David Lindberg elle est fondée.

théories scientifiques au cours de l'histoire[16]. Cette démarche revient à « prendre en compte l'histoire effective des sciences et non ce qu'aurait dû être leur histoire idéale[17] ». Mais puisque c'est le contexte qui conditionne l'élaboration des théories scientifiques, il convient d'abord de reconstituer ce contexte et de mesurer son impact sur les théories scientifiques plutôt que de remonter aux éléments contextuels que l'on considère pertinents à partir de ce qu'on a d'abord identifié comme théorie scientifique[18]. Plutôt que d'une remontée aux sources de la pensée scientifique, il s'agit davantage d'une reconstitution d'une pensée dans ses aspects divers dont la pensée scientifique n'est qu'une déclinaison.

Pour autant, un autre modèle méthodologique est à l'œuvre dans *Structures de pensée et objets du savoir chez Kepler* qui vient contrecarrer le risque d'enfermer Kepler dans le statut de représentant passif d'une *épistémé* entraînée dans une dérive acausale menant vers l'*épistémé* suivante. Toute la subtilité de l'approche de Gérard Simon réside dans l'équilibre par lequel il parvient à entrecroiser l'histoire intellectuelle avec l'histoire de la pensée scientifique à la Koyré et ainsi à préserver un authentique statut de protagoniste à Kepler dans l'histoire des sciences. En adoptant un angle d'approche centré sur Kepler plutôt qu'une vue panoramique retraçant une succession d'*épistémai*, Gérard Simon n'est plus foucaldien[19]. C'est Lévi-Strauss qui lui permet de changer d'échelle d'analyse et de redonner une place à la singularité de l'œuvre intellectuelle de Kepler considérée comme un système. Il s'agit alors de s'installer dans une pensée étrangère, sauvage, pour en découvrir la logique propre. Mais cette étrangeté revêt une double dimension, de par son inscription dans des structures de pensée constitutives d'une culture qui nous est devenue étrangère, mais aussi par les solutions singulières et innovatrices que Kepler a apportées à des problèmes scientifiques à partir de cette culture et également en rupture par rapport à elle[20]. Donner toute sa place à cette étrangeté presque irréductible revient à

---

16 *Cf. Structures de pensée et objets du savoir chez Kepler, op. cit.*, p. 7.

17 *Archéologie de la vision, op. cit.*, p 267.

18 *Cf. Structures de pensée et objets du savoir chez Kepler, op. cit.*, p. 8.

19 Sur cette prise de distance par rapport à Foucault, *cf.* Gérard Simon, *Sciences et histoire*, Paris, Gallimard, 2008, p. 117-123.

20 *Cf. Structures de pensée et objets du savoir chez Kepler, op. cit.*, p. 21 ; *Archéologie de la vision, op. cit.*, p. 268-269 : « [...] comme tout inventeur, l'homme de science travaille avec toute sa culture et use de toute son imagination créatrice pour parvenir à ses fins. Or qui dit création dit rupture d'un lien causal classique : le cheminement de sa pensée dans la phase

prendre le contre-pied des lectures faussement éclairantes à la Ronchi qui s'efforçaient d'identifier des aspects modernes de la pensée de Kepler sous les oripeaux de l'archaïsme et de moderniser de force une pensée qui ne s'y prête pas en voulant rendre commensurables des conceptions qui appartiennent à des univers de pensée totalement différents. Cela implique un effort de dépaysement et presque d'oubli de nos catégories normatives sur ce qui est scientifique ou rationnellement acceptable. Cela revient à étudier la pensée de Kepler presque en ethnologue, en la considérant comme radicalement étrangère à la nôtre et s'efforcer de comprendre son fonctionnement interne. Prenant acte de la « distance chronologique » qui nous sépare de Kepler, il s'agit de saisir la logique de cette « pensée sauvage » par une « analyse structurelle[21] », d'identifier des trames de raisonnement structurellement comparables et récurrentes qui lui donnent une forme de cohérence propre et distincte de nos modes de raisonnement. Autrement dit, il s'agit de comprendre comment les schèmes épistémiques à la Foucault s'incarnent dans une vie propre et renouvelée au sein d'une pensée singulière qui, loin de répliquer passivement ces schèmes, leur insuffle une fonction épistémologique inédite et innovatrice. C'est une chose d'endosser une approche foucaldienne reconnaissant chez Kepler l'usage typique de l'analogie ou de la similitude ; c'en est une autre que de montrer que les schèmes ou archétypes keplériens ne sauraient se réduire à des scories métaphysiques ou mystiques mais structurent jusqu'aux raisonnements scientifiques de Kepler. Les recherches de Kepler sur la réfraction et *a fortiori* leur échec se comprennent ainsi d'autant mieux que l'on reconnaît la démarche analogique (notamment entre la réflexion et la réfraction) qui les guide[22]. Sa conception de la lumière est marquée au sceau du néoplatonisme et ses propriétés physiques sont déduites à partir d'une analogie religieuse avec la sphère, image de la Trinité et archétype récurrent dans la pensée de Kepler parce qu'il renvoie à une spatialisation de la présence de Dieu dans l'univers[23]. Mais Kepler va plus loin que ses prédécesseurs qui avaient

---

d'invention est non seulement imprévisible, mais échappe à la rationalité du moment, puisque cette rationalité est impuissante devant les difficultés à résoudre. »

21 *Structures de pensée et objets du savoir chez Kepler, op. cit.*, p. 5.

22 *Cf. ibid.*, p. 499-503 (ci-dessous, p. 114-117)

23 *Cf. Structures de pensée et objets du savoir chez Kepler, op. cit.*, p. 405-420 (ci-dessous, p. 48-58).
Gérard Simon, *Archéologie de la vision, op. cit.*, p. 222 : « En tant qu'initiateur en optique d'une révolution scientifique, obligeant à repenser les bases mêmes de la discipline, Kepler

également évoqué ce modèle (l'on pense à Grosseteste ou à Vitellion) ;
il en exploite toutes les potentialités explicatives pour rendre compte de
la propagation de la lumière en faisceaux et développer les concepts de
convergence et divergence des faisceaux de rayons lumineux. Il n'y a donc
pas chez lui de juxtaposition accidentelle de modernité et d'archaïsme.
Il ne s'agit plus d'une analogie vague entre les choses spirituelles et les
choses physiques, mais d'un modèle recevant une transposition technique
précise pour penser la causalité physique en termes géométriques. Entité
intermédiaire dans la hiérarchie keplérienne des êtres entre la matière
pondérale et l'âme incorporelle, la lumière se diffuse dans toutes les
directions spatiales de manière sphérique à partir d'un unique point
et de façon instantanée parce qu'elle est un *corpus geometricum* dénué de
matière pondérale. C'est parce que Kepler prend au sérieux l'archétype
de la sphère quand il l'applique à la diffusion de la lumière qu'il est
conduit à repenser complètement ses modalités de propagation jusque
dans l'œil du sujet voyant. La transformation de l'optique en physique
de la lumière repose donc sur une conception causale et non seulement
phénoménaliste de l'optique. Cette conception causale est étayée par
une métaphysique de la lumière d'inspiration néoplatonicienne qui rend
plausibles les caractéristiques physiques et ontologiques d'une entité
corporelle mais non matérielle, spatialisée mais seulement selon deux
dimensions de l'espace et qui occupe diverses positions dans l'espace
mais non en une succession d'instants. Avec Kepler, c'est la métaphysique
qui fait entrer l'optique, traditionnellement perçue comme relevant des
mathématiques mixtes et ne portant pas sur les causes, de plain-pied
dans le champ de la physique.

Cette approche a alors pour effet de ne pas séparer ce qui, dans
l'optique de Kepler, relèverait de la modernité, d'apparents archaïsmes[24].
Elle se situe à l'opposé d'une histoire des sciences téléologique qui
procèderait par sélection d'éléments précurseurs de la science moderne

---

était là aussi au milieu du gué : il avait besoin de la réassurance d'une vision religieuse
du monde pour conforter ses audaces. » David Lindberg explorera encore davantage cet
aspect de l'optique keplérienne dans « The Genesis of Kepler's Theory of Light: Light
Metaphysics From Plotinus to Kepler », *Osiris* 2ᵈ series, n° 2, 1986, p. 4-42.

24 *Archéologie de la vision, op. cit.*, p. 259-260 : « Je tent[e] d'échapper à l'anachronisme par une
lecture des textes qui ne fasse pas un tri préalable entre ce qui en eux serait "moderne"
ou "anticipateur" et ce qui serait "archaïque" ou "préscientifique" ; remettre ainsi les
assertions dans leur contexte pour mieux cerner leur sens du moment, c'est pratiquer
une lecture que pour simplifier on peut appeler structurale. »

ou authentiquement « scientifiques », au sens que le XIXᵉ siècle positiviste a donné à ce terme, et rejetterait le reste dans les limbes de la
pré-scientificité à la manière de Bachelard. Mais l'autre de la science
n'est pas toujours ni nécessairement, contrairement à ce que pensait
Bachelard, un obstacle à la science ; il en est parfois une des conditions
de possibilité comme Gérard Simon le montre quand il identifie dans
l'origine néoplatonicienne de la conception keplérienne de la lumière
une condition de possibilité pour penser la propagation de la lumière
en nappes sphériques.

La deuxième raison pour laquelle la *pars optica* de la thèse de Gérard
Simon relève d'une histoire philosophique des sciences tient précisément
à la dimension philosophique que la considération du contexte comme
de la singularité de l'esprit de Kepler invite à prendre en compte. Des
enjeux philosophiques spécifiques sont liés à l'optique, en particulier le statut de la subjectivité voyante ou le statut cognitif attribué à
l'expérience visuelle. Dans un texte bien plus tardif et constituant un
avant-propos à un recueil d'études sur l'optique de l'Antiquité à l'âge
classique intitulé *Archéologie de la vision*, Gérard Simon, revendiquant un
héritage foucaldien, qualifie son approche d'« archéologie du savoir[25] ».
Il ne s'agit pas tant pour lui d'écrire une histoire de l'optique sur le
mode d'une histoire des idées qui l'isolerait des autres formes de savoir
d'une époque que d'identifier les mutations intellectuelles les plus
fondamentales au cours de l'histoire, mutations dont il convient de
dégager le contexte d'élaboration et de mesurer l'impact sur les modes
de pensée, en particulier philosophiques. Il s'agit pour lui de « creuser
jusqu'aux fondements culturels et conceptuels qui ont guidé l'étude
de la vision[26] ». Par opposition à la science « déjà faite », la science « se
faisant » est prise dans un réseau de savoirs et de valeurs qui constituent
une culture à une époque donnée[27].

Or, ce qui retient particulièrement l'attention de Gérard Simon dès
sa thèse de 1976 et qu'il explorera par la suite, en particulier dans son
ouvrage de 1988, *Le regard, l'être et l'apparence dans l'optique de l'Antiquité*[28],
c'est que l'optique a pu être envisagée, non seulement comme une science

---

25 *Ibid.*, p. 9.
26 *Ibid.*, p. 9.
27 Sur le rôle de la notion d'archéologie du savoir pour son approche de l'histoire des sciences,
    cf. Gérard Simon, *Sciences et histoire, op. cit.*, p. 103-123.
28 Gérard Simon, *Le regard, l'être et l'apparence dans l'optique de l'Antiquité*, Paris, Seuil, 1988.

de propagation des rayons lumineux – ce qu'elle ne devient en fait qu'à partir d'Ibn al-Haytham et surtout de Kepler –, mais comme une science de la vision – ce qu'elle est presque exclusivement depuis ses débuts dans l'Antiquité. Or dans cette histoire de l'optique conçue comme science de la vision, Kepler occupe une place tout à fait singulière ; il reste, ainsi que l'écrira plus tard Gérard Simon, « au milieu du gué[29] ». Certes, Kepler modifie profondément la conception de l'optique en tant qu'il la réduit de fait, dans les *Paralipomènes à Vitellion*, à une physique de la transmission des rayons lumineux au sein de l'œil conçu comme dispositif purement optique[30]. Kepler est le premier à développer une véritable physique de la lumière qui en fait une entité à part entière indépendamment des effets visibles qu'elle produit et ayant une efficacité causale propre[31]. La sensibilité est reléguée du cristallin au niveau de la rétine et n'intervient à aucun moment dans l'exposé keplérien. Contrairement à l'optique perspectiviste à laquelle Ibn al-Haytham a ouvert la voie, Kepler ne double aucunement l'explication de la transmission des rayons lumineux à l'intérieur de l'œil d'une psychologie des facultés censée rendre compte de la perception visuelle, c'est-à-dire de la transformation du visible en vu. Le déplacement de la sensibilité du cristallin à la rétine empêche en effet la propagation d'une image à la fois optique et psychologique au nerf puis au cerveau. L'image qui se forme sur la rétine n'est plus une image à la fois physique et perçue, comme elle l'était dans l'optique perspectiviste. Elle est une image composée de rayons lumineux, une entité physique dont le processus de formation ne nous dit rien sur les modalités selon lesquelles elle peut causer la vision. Cette image rétinienne semble en outre rendre caduque ou du moins problématique l'explication scolastique de la vision par la transmission d'espèces sensibles des objets jusqu'à l'œil et au psychisme[32]. Kepler ne comprend d'ailleurs pas comment une telle entité composée de lumière et de couleur pourrait être transmise à travers l'obscurité du nerf optique

---

29 *Archéologie de la vision, op. cit.*, p. 217.
30 Mais Kepler reconnaît lui-même que le nom « optique » renvoie à l'œil et à la vision : *cf. Paralipomènes à Vitellion*, V, 2. GW, t. 2, p. 152.
31 *Cf. Structures de pensée et objets du savoir chez Kepler, op. cit.*, p. 397-405 (ci-dessous, p. 42-48).
32 Sur la théorie des espèces sensibles, *cf.* Leen Spruit, *Species Intelligibilis. From Perception to Knowledge*, 2 vol., Leiden, New York, Köln, Brill, 1994-1995 ; Isabelle Pantin, « *Simulachrum, species, forma, imago*: What Was Transported by Light into the Camera Obscura ? », *Early Science and Medicine*, 2008, 13, p. 245-269.

jusqu'au cerveau et en vient à se demander si des esprits vont transférer cette image jusqu'au cerveau ou si la faculté visuelle, telle une autre instance subjective, va venir contempler cette image[33]. Kepler semble finalement avouer son ignorance quant à la façon dont l'image rétinienne peut être perçue ou provoquer la sensation[34]. L'optique keplérienne inaugure ainsi « de nouveaux champs d'objectivité[35] » ; elle objectivise la science de la lumière. Mais, de façon plus fondamentale sur le plan philosophique, elle ouvre sur le problème de la perception visuelle comme conscience percevante et donc sur celui du statut de la subjectivité voyante : y a-t-il une instance qui en moi voit ? Ou faut-il concevoir à nouveaux frais une subjectivité voyante en première personne qui se trouve néanmoins dis-tinguée du corps ? La révolution keplérienne ne se trouve peut-être donc pas tant dans les découvertes objectives que les histoires positivistes des sciences ont retenues que dans la mutation conceptuelle induite par ces découvertes pour penser la subjectivité voyante. La métaphysique et la mystique sont ce qui guide Kepler vers ses découvertes scientifiques, mais ces dernières appellent en retour une véritable révolution conceptuelle sur le plan philosophique. Les découvertes scientifiques ne sont plus le *telos* de l'histoire de l'optique, mais seulement un maillon, certes crucial, dans le processus de mutations intellectuelles plus générales. C'est la raison pour laquelle Gérard Simon ne peut s'accorder avec David Lindberg qui voulait faire de Kepler le dernier des perspectivistes[36]. Kepler instaure bien une « coupure[37] » dans l'histoire de l'optique.

Pour autant, Kepler ne saurait être un révolutionnaire de l'optique ou le premier des mécanistes à la façon de Crombie ou Straker. Le Kepler de Gérard Simon n'appartient pas une histoire des héritiers ou des précurseurs ;

---

33   *Paralipomènes à Vitellion*, V, 2. GW, t. 2, p. 151-152, trad. Gérard Simon in *Structures de pensée et objets du savoir chez Kepler, op. cit.*, p. 556 (ci-dessous, p. 151) : « Comment cette reproduction (*idolum*) ou cette peinture se lie aux esprits visuels qui résident dans la rétine et dans le nerf ; savoir si c'est par ces esprits qu'elle est amenée à travers les cavités du cerveau devant le tribunal de l'âme ou de la faculté visuelle, ou si au contraire c'est la faculté visuelle qui, comme un questeur délégué par l'âme, descendant du prétoire du cerveau jusque dans le nerf optique et la rétine comme jusqu'à ses derniers bancs, s'avance au devant de cette reproduction ; cela dis-je, je laisse aux physiciens le soin d'en décider. »

34   Mais dans la *Dioptrice*, Kepler semble bien souscrire à l'idée que la transmission de l'image s'opère par le moyen d'esprits visuels jusqu'au sens commun : *cf. Dioptrice*, prop. LXI. GW, t. 4, p. 372-373.

35   *Kepler astronome astrologue, op. cit.*, p. 20.

36   Il sera explicite à ce sujet dans *Archéologie de la vision, op. cit.*, p. 198.

37   *Structures de pensée et objets du savoir chez Kepler, op. cit.*, p. 536 (ci-dessous, p. 138).

il occupe une situation beaucoup plus intéressante pour l'histoire des sciences et de la philosophie : il représente un tournant. Kepler pense encore largement dans les cadres intellectuels médiévaux. Il est en effet parti d'un questionnement traditionnel portant sur la manière dont se fait la vision pour comprendre ce qui est vu en astronomie. Partant d'un questionnement s'enracinant dans une psychologie de la vision, il est arrivé presque comme malgré lui à une physique de la lumière. Pour autant, son optique reste encore dépendante d'une certaine conception psychologique de la vision. C'est en particulier le cas avec son traitement des *imagines*, c'est-à-dire des images des objets vus par réflexion et réfraction que Kepler traite à partir de la catégorie du visible et non du lumineux[38]. Gérard Simon est sans aucun doute le premier à s'intéresser de façon précise à ce que Kepler présente dans ce livre III des *Paralipomènes à Vitellion*. Gérard Simon comprend parfaitement le statut particulier de ces *imagines* et relève avec précision que leur localisation repose sur un processus psychologique de triangulation : la vue *imagine* dans ce cas que l'objet vu se situe dans le prolongement du rayon réfléchi ou réfracté[39] puisque l'œil n'a pas la possibilité de déterminer la provenance du rayon en deçà du point de réflexion ou de réfraction. Pour Kepler, l'image d'un point se situe alors à l'intersection des rayons réfléchis ou réfractés parvenant à chacun des deux yeux, rayons qui sont prolongés imaginairement comme s'ils étaient des rayons visuels[40]. Il s'agit encore de rendre compte des erreurs de la vue qui voit les objets là où ils ne sont pas, et non de déterminer les raisons de cette localisation sur la base d'une analyse physique de la propagation des rayons lumineux[41]. Alors même que Kepler inaugure la

---

38 *Cf. Structures de pensée et objets du savoir chez Kepler, op. cit.*, p. 464-467 (ci-dessous, p. 89-92).

39 *Paralipomènes à Vitellion*, III, 2, prop. XVII. GW, t. 2, p. 72, trad. Catherine Chevalley in : Johann Kepler, *Les fondements de l'optique moderne. Paralipomènes à Vitellion (1604)*, Paris, J. Vrin, 1980, p. 191-192 : « la vue [*visus*] se trompe à propos de la plage […] : elle s'imagine en effet l'objet dans la plage d'où vient le <rayon> réfracté ou répercuté. Ensuite, la vue se trompe encore à propos de l'angle. Car elle s'imagine que les rayons issus du point lumineux sont initialement tombés aux points de répercussions ou de réfractions correspondant à l'œil avec la même inclinaison, ou le même angle, sous lesquels les rayons réfractés ou répercutés s'avancent jusqu'aux centres des deux yeux ».

40 *Paralipomènes à Vitellion*, III, 2, prop. XVII. GW, t. 2, p. 72, trad. Catherine Chevalley, *op. cit.*, p. 192 : « Comme le lieu de l'image se trouve […] au point de concours des rayons visuels, il sera donc à l'intersection des surfaces de réfraction ou de répercussion des deux yeux ».

41 Pour une comparaison du statut du triangle distanciométrique dans l'optique de Kepler et dans celle de Descartes, nous nous permettons de renvoyer à notre article « The Perception

transmutation de l'optique en science de la lumière, un certain nombre de ses conceptions reposent encore implicitement sur une science du visible et de la vision. Pour autant, Kepler n'anticipe pas vraiment, comme l'aurait voulu Ronchi[42], sur la prise en compte, par l'optique contemporaine, de la dimension psychologique intervenant dans la vision. Car la question qu'il convient de poser est la suivante : quel type de psyché entre en jeu dans la vision ? Or, et nous y reviendrons à propos de Descartes, Kepler dote de façon différenciée les parties de l'œil d'un pouvoir de sensibilité décentralisé qui leur permet de sentir l'intensité de la lumière, sa plus ou moins grande diffusion sur la rétine ou la distance à laquelle est vue l'image d'un objet. Le panpsychisme keplérien qui se fait jour dans l'exposé portant sur les *imagines* n'est pas sans créer une forme de tension au sein de son optique : en effet, alors même qu'il montre comment la *pictura* rétinienne peut être produite à partir de la réfraction des rayons lumineux, il considère l'*imago* produite par réfraction comme une illusion résultant d'un processus psychologique. Là réside l'obstacle philosophique qui l'empêche de parvenir au concept moderne d'image virtuelle.

DE DESCARTES À KEPLER...
ET DE KEPLER À EUCLIDE
Gérard Simon amont aval

Ce que la lecture originale de l'optique de Kepler par Gérard Simon nous permet de comprendre, c'est l'enjeu philosophique de la constitution de la subjectivité moderne analysée au travers de la théorie de la vision. Or, c'est précisément là qu'intervient Descartes comme figure philosophique embusquée dans la thèse de Gérard Simon. Si l'idée initiale poursuivie par ce dernier était de rédiger une thèse sur l'optique de Kepler

---

of Spatial Depth in Kepler's and Descartes' Optics: a Study of an Epistemological Reversal », *Boundaries, Extents, and Circulations. Space and Spatiality in Early Modern Natural Philosophy*, éd. Jonathan Regier et Koen Vermeir, Dordrecht, Springer, 2016, p. 125-152.

42 *Cf. Structures de pensée et objets du savoir chez Kepler, op. cit.*, p. 585-589 (ci-dessous, p. 171-174).

et Descartes[43], il s'était laissé absorber par la richesse et l'étrangeté de la pensée keplérienne qui se révélait être un matériau d'une ampleur largement suffisante pour une thèse, ce qui l'avait décidé à abandonner Descartes. Cependant, Descartes qui, à l'aune de la pensée keplérienne, pouvait apparaître tellement classique, familier, pour ne pas dire banal, revient si l'on ose dire par la petite porte dans la *pars optica* de *Structures de pensée et objets du savoir chez Kepler*. Et c'est finalement l'étude de l'optique de Kepler qui permet de lui conférer un statut philosophique majeur, mais éclairé d'un nouveau jour – et il n'est pas si fréquent de pouvoir jeter ainsi une lumière interprétative si neuve sur l'auteur des *Meditationes de prima philosophia* ! Gérard Simon voit dans l'héritage de l'optique keplérienne et de ses apories une des sources de la conception cartésienne de la subjectivité pensante comme réellement distincte du corps[44]. Face à sa découverte du statut de la *pictura* rétinienne, Kepler préfère ne pas s'aventurer à expliquer la façon dont cette *pictura* peut causer la vision comme phénomène mental. Descartes entreprend de surmonter l'aporie keplérienne en distinguant et finalement en opposant, comme ne l'avait pas fait Kepler, la cause physique de la vision qui se trouve objectivée et le sujet percevant. En scindant l'optique en physique, physiologie et psychologie, Descartes serait alors amené à penser la distinction réelle entre le corps, support physique et physiologique de propagation des rayons lumineux et des signaux nerveux, et l'âme comme instance voyante. Parce que l'optique keplérienne a contribué à défaire, dans la vision, la co-appartenance de la cause physique et de la perception, Descartes en aurait été amené à penser la nécessaire distinction réelle entre leurs supports, le corps et l'âme. Autrement dit, l'autonomisation d'une âme pensante centralisant toutes les modalités de cette pensée, y compris la perception visuelle, s'enracinerait dans la refonte de l'optique moderne. La formulation du *cogito* ne relèverait pas

---

43 Le titre initial de la thèse qu'il avait alors proposé à Ferdinand Alquié était *Structures de pensée et objets du savoir chez Kepler et Descartes*.

44 *Archéologie de la vision, op. cit.*, p. 250 : « […] désormais la perception s'analyse selon les trois phases que nous lui connaissons, physique, corporelle (pour nous, physiologique) et mentale. Le *Cogito* cartésien me semble en être une conséquence : il faut bien en venir à un *Je* ultime, car on ne peut redoubler à l'infini le processus du regard à l'intérieur de l'homme comme le faisait l'ancienne optique, qui présentait l'image de la chose à une cascade d'instances de calcul, de remémoration et de jugement, toutes traitées en troisième personne. Percevoir devient d'abord être présent à soi-même en tant qu'être pensant – nous dirions aujourd'hui conscient. »

tant d'une volonté de surmonter le scepticisme à la Popkin ou de fonder
la connaissance certaine que de la reconfiguration du sujet requise pour
penser la vision sur les bases de l'optique keplérienne. Le panpsychisme
keplérien disséminant dans le corps diverses instances de sensibilité fait
désormais place au dualisme et à une conception centralisée de la *mens*. Il
nous semble qu'il y a là une thèse très forte[45] que les études cartésiennes
ont encore tout le loisir de méditer.

Cette refonte de la subjectivité comprise comme la distinction,
d'avec le corps, d'une âme dont la nature est de penser et centralisant
tous les modes de cette pensée, n'a pu apparaître que sur le fond d'un
tournant par rapport à Kepler. Or, Gérard Simon a sans doute d'autant
mieux compris l'étrangeté de la subjectivité voyante keplérienne qu'il
disposait du modèle clair de la distinction réelle cartésienne. À partir
de là, il devenait tentant de comprendre d'où venait cette conception
à laquelle Kepler se référait encore, sans pouvoir l'articuler de façon
cohérente à sa propre théorie de la formation de l'image rétinienne,
d'une sensibilité différenciée diffuse dans le corps. L'ombre planante
mais assez indistincte de cette psyché voyante est ce qui, plus tard, a
dirigé Gérard Simon vers l'étude de l'optique médiévale et de l'optique
antique. Or, il y retrouve un autre tournant concernant le rapport de
l'homme voyant au visible, dans le passage de la théorie du rayon visuel
qui sort de l'œil et vient comme palper les objets vus là où ils sont à
celle du rayon lumineux entrant dans l'œil et assurant la perception
du visible chez Ibn al-Haytham. C'est la façon dont se décline de façon
si particulière cette psychologie de la vision dans l'Antiquité qui sera
l'objet de *Le regard, l'être et l'apparence dans l'optique de l'Antiquité* (1988).
Cette étude sera assortie de plusieurs articles sur l'optique médiévale.
Ainsi Gérard Simon aura-t-il reconstitué une « archéologie du regard[46] »,
identifiant les structures mentales qui perdurent dans le temps long et
sur le fond seul desquelles il devient possible de repérer les véritables

---

45   Cette thèse a été plus précisément développée par Gérard Simon dans les deux articles
      suivants : « On the Theory of Visual Perception of Kepler and Descartes: Reflections
      on the Role of Mechanism in the Birth of Modern Science », *Vistas in Astronomy*, 18/1,
      1975, p. 825-832 ; « La théorie cartésienne de la vision, réponse à Kepler et rupture
      avec la problématique médiévale », *Descartes et le Moyen Âge*, éd. Joël Biard et Roshdi
      Rashed, Paris, J. Vrin, 1997, p. 107-117, repris dans *Archéologie de la vision, op. cit.*,
      p. 223-241.
46   *Cf. Le regard, l'être et l'apparence dans l'optique de l'Antiquité, op. cit.*, p. 16.

mutations intellectuelles. Comme on le voit, ces mutations dépassent largement le cadre de l'histoire d'une science physique particulière, mais engagent rien de moins que la généalogie de la conception philosophique du sujet et de son rapport au monde.

Delphine BELLIS
Université Paul-Valéry –
Montpellier III
CRISES (EA 4424)

AD VITELLIONEM
PARALIPOMENA,
Quibus

ASTRONOMIÆ
PARS OPTICA
TRADITVR;

Potißimum
DE ARTIFICIOSA OBSERVATIO-
NE ET ÆSTIMATIONE DIAMETRORVM
deliquiorumq́; Solis & Lunæ.
CVM EXEMPLIS INSIGNIVM ECLIPSIVM.
Habes hoc libro, Lector, inter alia multa noua,
Tractatum luculentum de modo visionis, & humorum oculi
vsu, contra Opticos & Anatomicos,
AVTHORE
IOANNE KEPLERO, S. C. Mᵗⁱ
Mathematico.

FRANCOFVRTI,
Apud Claudium Marnium & Hæredes Ioannis Aubrii
Anno M. DCIV.
Cum Priuilegio S. C. Maiestatis.

Johannes Kepler, *Ad Vitellionem Paralipomena*, Francfort, 1604.
Cliché : université de Strasbourg, Service commun de la documentation
(Collection BNU en dépôt à l'Unistra).

GÉRARD SIMON

KEPLER, RÉNOVATEUR DE L'OPTIQUE

LA CONCEPTION DE LA LUMIÈRE

AVANT-PROPOS
L'optique en 1604

Écrite en 1604, *l'Astronomiae Pars Optica* développe dans son titre les intentions de Kepler et les résultats auxquels il est fier de parvenir :

> Compléments à Vitellion, expliquant la
> PARTIE OPTIQUE DE L'ASTRONOMIE
> en particulier un ingénieux procédé d'observation et
> de mesure des diamètres des éclipses de Soleil et de
> Lune ; avec des exemples d'éclipses célèbres.
> Ce livre contient, lecteur, entre autres nouveautés, un
> excellent traité sur la manière dont se réalise la
> vision, et sur la fonction des humeurs de l'œil, contre
> les opticiens et les anatomistes,
> par
> Jean Kepler, mathématicien de Sa Majesté Impériale[1].

Le livre auquel ce titre fait allusion est la *Perspective*, écrite vers 1270 par le moine polonais Witelo ou Vitellion. Il représentait une sorte de somme manuscrite de ce que connaissait de l'optique l'Occident latin médiéval et fut imprimé trois fois au cours du XVIᵉ siècle : deux fois à Nuremberg en 1535 et 1551, et une dernière fois à Bâle, à la demande de Ramus et par les soins de Frédéric Risner. C'est cette dernière édition que Kepler eut entre les mains. Elle comportait, outre l'ouvrage de Vitellion, un traité en sept livres de son inspirateur arabe Ibn-al-Haytham (né à Bassorah vers 965 et mort au Caire en 1039 après avoir passé en Égypte la plus grande partie de sa vie), connu en [389] Europe sous le nom

---

1   *A.P.O.* GW, t. 2, p. [5]. Pour les abréviations, voir en fin de volume, à la bibliographie.

d'Alhazen[2]. Risner eut tendance à sous-estimer l'originalité de Vitellion en présentant son œuvre comme un démarquage pur et simple de celle de son devancier : il fait par exemple précéder chaque proposition de l'un de la référence à une proposition de l'autre. En fait, Vitellion mérite mieux : il écrivit sans doute une compilation, mais une compilation s'alimentant à la plupart des sources connues et exposant de manière synthétique et inédite ce qu'il en avait tiré. Il avait lu, outre Alhazen, Euclide et Ptolémée ; et il s'inspire en particulier, dans la seconde partie de son ouvrage, de l'*Optique* de ce dernier, dont le XVIᵉ siècle ignorait l'existence et qui ne fut retrouvé qu'à la fin du XIXᵉ siècle. Par son intermédiaire, Kepler fut donc au fait des meilleurs travaux de l'antiquité et du Moyen Âge ; d'autant que le moine polonais se ralliait à l'opinion d'Alhazen, qui, au lieu d'admettre comme Euclide et à sa suite Ptolémée que la vision se fait grâce à un rayonnement émis par l'œil, avait au contraire apporté de nombreux arguments empiriques en faveur d'une émission partant de la source lumineuse et pénétrant dans l'organe visuel. Ces dix livres de Vitellion – le premier exclusivement mathématique sur les fondements géométriques nécessaires pour traiter de l'optique, le second sur la propagation rectiligne et les projections d'ombre et de lumière, le troisième sur la vision, le quatrième sur les illusions d'optique, les cinq suivants sur la réflexion et les miroirs plans, sphériques, cylindriques et pyramidaux, et le dixième consacré à la réfraction – formaient bien la somme des connaissances communes à Tycho [390] Brahe et tous les astronomes de ce temps.

L'attention de ces derniers n'a rien de surprenant. Depuis l'antiquité, l'optique était liée à l'astronomie. Seules la propagation rectiligne et la réflexion avaient pu expliquer les phases de la Lune ; la projection des ombres, les éclipses ; très tôt, on a soupçonné l'importance, pour les observations à l'horizon, de la réfraction atmosphérique. Mais les progrès mêmes de l'astronomie posent depuis peu de nouveaux problèmes ou font croître de nouvelles exigences. Quand un Tycho Brahe fait passer la précision des mesures de 10' à 2' d'arc, quand il développe systématiquement l'étude des parallaxes, les incertitudes sur la réfraction atmosphérique deviennent incomparablement plus gênantes. De plus,

---

2   *Opticae Thesaurus Alhazeni Arabis libri septem... Vitellionis Thuringopoloni opticae libri decem...* Basileae, [per Episcopios,] 1572. Édité par F. Risner. Cet ouvrage comporte deux paginations indépendantes, l'une pour Alhazen, l'autre pour Vitellion.

la technique de la chambre noire, utilisée pour observer sans risque et mesurer plus aisément les éclipses de Lune et surtout de Soleil, venait de soulever une difficulté imprévue : on notait la forme de l'astre occulté sur une feuille de papier formant écran ; or toutes les évaluations quantitatives dues à cette méthode différaient de ce que la théorie faisait attendre. D'un point de vue plus théorique, un Copernicien se devait d'expliquer le caractère apparent des mouvements de la voûte céleste et du Soleil ; il lui fallait donc traiter de leur relativité optique, et des illusions qui sont liées au sens de la vue. À quoi s'ajoutaient une série de questions que se posaient les astronomes, et dont ils attendaient de l'optique sinon la solution, au moins un renouvellement : la cause des halos ; la nature de la queue des comètes ; et tout simplement l'origine de la lumière des astres : était-elle réfléchie ou directe, en particulier celle des planètes [391] et des étoiles ? Sans compter qu'ils ne pouvaient sans principes sûrs perfectionner leurs instruments.

On comprend dès lors ce qu'écrit Kepler dans sa dédicace à Rodolphe II :

> J'ai trouvé indigne de la science de l'optique d'être surpassée par l'astronomie, qui pourtant exige l'usage des sens et d'instruments, alors qu'elle est elle-même régie par la certitude géométrique ; et de ne pouvoir confirmer par des démonstrations ce que la seconde saisit par les yeux ; et plus indigne encore que l'Optique, sommée par les Astronomes d'apporter son concours, ne comparaisse pas, et ne puisse détourner de soi l'accusation d'être une entrave à la subtilité de l'Astronomie[3].

Par là s'explique le titre que le mathématicien impérial donne à son livre : il reprend l'ouvrage de référence le plus utilisé de son temps pour le critiquer, le préciser, et le compléter sur tout ce qui peut servir aux observations et aux mesures astronomiques. Titre modeste en vérité, puisque – nous tenterons du moins de le montrer – les nouveautés qu'il introduit bouleversent entièrement les fondements de la science qu'il croit prolonger.

Outre Vitellion, Kepler revendique un autre inspirateur : Jean-Baptiste Della Porta, dont à plusieurs reprises il cite avec éloge la *Magie Naturelle*. Ce n'est là pourtant, à aucun degré, un traité d'optique ; mais plutôt une sorte de répertoire des procédés utiles ou des curiosités amusantes qu'offrent les propriétés cachées de la nature quand on sait [392] les

---

3   *A.P.O.* GW, t. 2, p. 7.

mettre à contribution. Cet ouvrage connut, à la fin du XVIᵉ siècle et au début du XVIIᵉ, une vogue extraordinaire. On dénombre vingt-trois éditions du texte latin original, dix traductions italiennes, huit françaises, sans compter ses versions espagnole, hollandaise, et même arabe. Publié pour la première fois en 1558, quand l'auteur avait vingt-trois ans, et ne comprenant alors que quatre livres, il s'accrut progressivement de multiples additions qui devaient lui donner son étonnante allure d'encyclopédie pratique : il tient à la fois du dictionnaire médical, de l'aide-mémoire agricole, du traité cynégétique, du mémento des soins de beauté, du manuel d'illusionnisme... Dans ce répertoire qui parle de tout sans traiter de rien, le livre XVII (qui apparaît dans l'édition de 1589, qui en comprend désormais vingt) est consacré à des curiosités d'optique appliquée – miroirs déformants, chambre noire, effets des lentilles : on verra quel parti Kepler sut tirer des remarques décousues, mais perspicaces et sans prévention, de Porta.

Ce dernier consacra d'ailleurs par la suite un traité à la réfraction et à l'étude des lentilles, que le mathématicien impérial chercha en vain à se procurer : livre confus, sans solidité, mais qui prouve combien la question redevenait d'actualité, et combien reculait, au moins dans le courant de pensée naturaliste de la fin du XVIᵉ siècle, la méfiance traditionnelle à l'égard de techniques tenues pour génératrices d'illusion. L'esprit même dans lequel est écrit la *Magie Naturalle* permet de comprendre en quoi la *deceptio visus*, ce piège tendu à la vision par les prestiges des miroirs ou des milieux réfringents, pouvait cesser d'être pensée uniquement comme une cause d'erreur ou de tromperie :

> [393] Cette science de la magie, douée de plus d'un pouvoir, abondante en mystères cachés, dévoilant les propriétés et les qualités secrètes des choses et la connaissance de toute la Nature, apprenant à l'aide de l'accord et du désaccord des choses entre elles soit à dissocier, soit par une mutuelle et opportune application à les réunir pour réaliser ce que le vulgaire appelle des miracles, dépassant les limites de l'admiration et de la compréhension humaines[4]

peut, telle que la définit Porta, faire que ses procédés cryptiques servent de moyens d'analyse du réel. Au lieu de s'opposer à la nature, l'artifice est en train de devenir ce qui en révèle les secrets.

---

4   *Magia naturalis.* Édition latine, Rouen, [J. Berthelin,] 1650. Livre I, chap. 2, p. 3.

Cette évocation ne serait pas complète si elle ne faisait pas mention d'une classique question sinon de priorité, du moins d'influence. Un homme avait dépassé les connaissances de Vitellion et de Porta, et acquis des conceptions qui sont parfois proches de celles de Kepler : c'est l'abbé de Messine Maurolico, né en 1494 et mort en 1575. Il laissait deux petits traités manuscrits, l'un intitulé *Photismi*, portant sur la lumière et sa propagation, l'autre sur les corps transparents, le *Diaphaneon*. Son œuvre resta pratiquement inconnue en dehors de cercles italiens jusqu'au moment où en 1611, quand les découvertes dues à la lunette de Galilée imposèrent aux esprits d'approfondir la réflexion sur l'optique, elle fut publiée par les soins du père Clavius, doyen [394] du Collège Romain, qui y ajouta ses propres notes[5].

Kepler, qui mentionne par ailleurs abondamment ses sources, qu'il s'agisse de Porta ou de Vitellion, n'y fait pas la moindre allusion ; il ne l'a donc pas connue. Mais on s'est demandé s'il n'avait pas eu entre les mains une copie du manuscrit, sans nom d'auteur, tant l'œuvre de Maurolico a pu sembler à mi-chemin entre les conceptions de Vitellion et les siennes propres. Nous évoquerons au cours de notre développement les rapprochements avancés ; disons tout de suite qu'ils ne nous ont pas convaincus. Ils nous permettent en tout cas d'apprécier jusqu'où avait pu aller avant lui un bon esprit lecteur d'Alhazen.

Enfin, il faut rappeler dans ce rapide tableau de l'état où Kepler trouvait l'optique, qu'elle avait suscité déjà des techniques efficaces : les verres correcteurs étaient utilisés depuis le XIIIe siècle, même si leurs effets continuaient à rester inexpliqués. Et les lunettiers de Hollande entament à partir justement de 1604, une quinzaine d'années semble-t-il après des essais effectués en Italie, la construction des lunettes d'approche ; elles demeurent, il est vrai, des objets de curiosité, analogues à ceux que concevait Porta. Il appartiendra à Galilée d'en perfectionner la technique et, grâce aux découvertes astronomiques de 1610, de leur donner contre toute contestation droit de cité scientifique. La *Dioptrique* de Kepler, qui dès 1611 en fournissait la théorie, jouera également un rôle déterminant dans cette reconnaissance. Ainsi déjà, sans même que le mathématicien impérial s'en rende compte, les conditions pratiques mûrissent pour que les éclaircissements [395] qu'il apporte à une vieille science lui fassent prendre un nouveau et spectaculaire départ.

---

5   *Abbatis Francisci Maurolyci Messanensis Photismi de Lumine...* Naples, [T. Longi], 1611.

LA RÉFLEXION SUR LA NATURE [396]
DE LA LUMIÈRE

DE LA SCIENCE DU VISIBLE À CELLE DE LA LUMIÈRE

Kepler consacre entièrement le premier chapitre de son *Astronomiae Pars Optica* à la nature de la lumière. Il part de sa fonction métaphysique d'intermédiaire entre le centre du monde et ses confins – entre le Soleil et la Sphère des Fixes – et rappelle que, dans l'archétype trinitaire de la Création, elle est l'homologue du Saint-Esprit, qui comble l'espace entre le Père et le Fils. Il en déduit ses propriétés dynamiques essentielles : émission d'un « corps sans matière » à une vitesse infinie, diffusion en nappes sphériques autour de la source, propagation rectiligne. Il étudie ensuite le milieu transmetteur, établit les causes qui, compte tenu de ce qu'elle est, favorisent ou empêchent son passage dans les corps transparents ou opaques. De là il en vient à l'explication des couleurs, sur laquelle il bute quelque peu : lumière cachée dans les choses, médiats entre la pleine clarté du blanc et la complète obscurité du noir, elles gardent un statut ambigu qui ne le satisfait pas pleinement. Une fois qu'il a analysé ainsi quels obstacles elle peut rencontrer et quelles modifications elle peut subir, Kepler est en mesure d'aborder les « passions » subies par la lumière : changements de direction avec la réflexion et la réfraction, mais aussi changements de couleur au contact d'un nouveau milieu. Il termine enfin sur un de ses « actes » essentiels : elle possède en propre la chaleur, et [397] se révèle ainsi comme un analogue de la vie. Un appendice critique systématiquement la conception aristotélicienne de la lumière, du diaphane et de la vision.

Un tel cheminement intellectuel peut choquer ou amuser le lecteur contemporain. Descendre de la Trinité divine pour aboutir à la propagation rectiligne de la lumière, et remonter, par la médiation des propriétés calorifiques de celle-ci, des causes de la réfraction à une métaphysique de la vie, c'est là un itinéraire qui le secoue quelque peu. De là à penser qu'il n'est en présence que de fabulations sans intérêt, il n'y a qu'un pas. Ce pas, nous croyons qu'il ne faut pas le franchir. Car il nous semble que, sous ces oripeaux bizarres, apparaît quelque chose de radicalement nouveau en optique. Pour la première fois, les lois de propagation, telles qu'on les utilise dans un ouvrage technique, dépendent explicitement d'une conception d'ensemble de la lumière. Celle-ci devient de ce fait, au moins à titre programmatique, *une entité physique indépendante*, à partir de laquelle on doit pouvoir expliquer ce que l'expérience donne à constater. Avant de décrire les résultats de ce changement d'attitude, et d'analyser ce qui les rend possibles, nous voudrions d'abord montrer que Kepler n'a rencontré dans aucune de ses sources pareille exigence causale.

Il est en effet très conscient de se séparer sur ce point de ses prédécesseurs. Dans l'appendice à son chapitre, où il procède à un examen critique des thèses aristotéliciennes, il résume ainsi le point de départ du Stagirite :

> 1) La couleur est proprement et par soi-même le sujet de la vision, et elle a en elle-même la cause qui rend son existence visible ; [398]
> 2) La lumière est l'acte du diaphane en tant que diaphane[6].

Il fixe aussitôt *a contrario* sa propre position :

> Par son second aphorisme Aristote *définit la lumière, non je pense dans sa nature, mais en tant qu'elle concourt à la réalisation de la vision*. Mais même s'il paraît impossible d'approfondir complètement la nature intime de la lumière : il convient quand même d'approfondir ce qui permet d'en approcher la nature avant de passer à l'étude de sa fonction. Car il est certain que nous savons d'autant plus exactement ce qu'une chose peut sur une autre, que nous comprenons mieux ce qu'elle est en elle-même[7].

De fait, jusqu'alors, les ouvrages d'optique traitaient essentiellement non de la lumière, mais de la vision et du visible. Et pas seulement ceux qui restaient sous l'influence du *De Anima* d'Aristote ou des théories d'Euclide ; on comprendrait en effet facilement que l'hypothèse d'une transformation qualitative du milieu, d'un passage du sensible en puissance au sensible en acte, ainsi que celle d'une émission de rayons visuels à partir de l'œil, aient eu pour conséquence une tendance à centrer l'étude sur le phénomène de la vision. Mais même les auteurs qui se rallient à l'idée d'une pénétration dans l'œil des espèces lumineuses ne tentent pas pour autant d'axer leur science sur une conception d'ensemble de la lumière.

---

6   [*A.P.O.* GW, t. 2, p. 38. *NdE*]
7   *A.P.O.* GW, t. 2, p. 39 – souligné par nous.

Le cas d'Alhazen est à cet égard typique. Il accumule les preuves permettant d'établir qu'il faut renoncer aux théories d'Aristote et d'Euclide ; pourtant, avant d'en [399] venir à l'anatomie de l'œil, ce n'est nullement d'une étude de la lumière en tant que telle qu'il part, mais de l'expérience de la vision et de ce qu'elle enseigne sur ses conditions d'exercice. Il montre ainsi :

— Que l'origine de l'impression lumineuse est extérieure à l'œil ; que la lumière le frappe, peut lui faire mal, bref que l'œil la reçoit, bien loin d'émettre un quelconque rayon visuel. La preuve en est la persistance de l'image et de la couleur tout de suite après que l'objet a cessé d'être présent (livre I, prop. 1).

— Qu'une lumière plus forte empêche d'en voir une plus faible : par exemple celle du soleil quand le jour se lève, et que disparaissent les étoiles ; mais qu'une lumière trop forte éblouit et cache les détails que révélerait au contraire une plus faible (I, 2).

— Que la couleur des objets est modifiée par la qualité de la lumière qui les éclaire. Donc que ce qui appartient en propre au sens de la vue, la couleur (qui à la différence de la forme, de la distance, etc., ne peut être saisie par aucun autre sens) varie selon les conditions d'éclairage et la force de l'éclairement (I, 3).

En somme, le point de vue d'Alhazen est purement phénoméniste. Avant d'analyser le sens de la vue, il se contente d'établir dans quelles conditions il peut être excité, et par quoi. C'est pourquoi il ne s'attarde pas sur la lumière et les couleurs, et passe très vite à l'anatomie de l'œil (I, 4-14). Aussi ne définit-il pas explicitement le rayon (contrairement aux sous-titres de Risner, qui d'emblée lui impose un concept qu'il n'a pas seulement évoqué) ; mais, partant de l'idée « que de tout corps illuminé par un flux [400] lumineux sort une lumière qui gagne toute partie de l'espace qui lui est opposé » (I, 14)[8], il estime que seules les formes lumineuses et colorées arrivant perpendiculairement aux surfaces transparentes des membranes de l'œil sont effectivement perçues ; c'est alors seulement qu'il prend en compte les droites qui joignent un point de l'objet à un point du cristallin (I, 18). La propagation rectiligne se rattache donc directement chez lui non à la théorie de la lumière, mais à celle de la vision.

---

8   *Opticae Thesaurus...*, *op. cit.*, p. 7.

Alhazen explique géométriquement ce qu'il comprend du mécanisme de celle-ci, il décrit qualitativement ses conditions d'exercice, mais il ne cherche pas à se représenter l'entité physique qui produit l'impression lumineuse, et encore moins à déduire d'elle les règles de la propagation et la raison des réactions sensorielles. Son attitude est très comparable à celle de l'astronomie de son temps ; astronomie géométrique, cherchant à découvrir un modèle mathématique permettant de rendre raison des phénomènes, mais ne se souciant pas de déterminer les causes véritables, physiques, du mouvement des astres : l'explication « physique » reste philosophique, animée le plus souvent par la recherche des causes finales, et n'est pas étroitement liée à l'étude technique des apparences célestes. C'est ce divorce entre description mathématisée des phénomènes et explication par l'essence des choses que l'on retrouve en optique au Moyen Âge, et qui s'abolit avec Kepler.

Prenons encore le cas de Vitellion qui pourrait sembler moins net au premier abord : son plan diffère de [401] celui d'Alhazen, et il n'en vient pas aussi vite que lui à l'analyse de la vision. Il commence par exposer en détail la propagation rectiligne de la lumière ; dans son livre II (le premier étant uniquement géométrique), il traite de la projection des ombres, de l'éclairement direct à travers de petites ouvertures, et également de la réfraction dans différents milieux. Ce n'est qu'au livre III qu'il arrive à l'anatomie de l'œil et à la vision, à laquelle il consacre, comme nous aurons l'occasion de le montrer, toute la longue suite de son ouvrage, même quand il étudie les images réfléchies et réfractées[9]. Contentons-nous pour le moment de noter ce qu'il écrit de la lumière proprement dite. Il se borne à se donner par définitions et postulats ce qu'on pourrait appeler la matière du visible, lumière et couleur ; avec en outre la propagation rectiligne et donc le rayon :

Définitions :

1) On appelle corps lumineux tout corps qui diffuse sa propre lumière.
2) On appelle corps transparent tout corps dont on constate qu'il est traversé par la lumière.
3) On appelle corps opaque tout corps dont on constate qu'il ne se laisse pas traverser par la lumière.
4) On appelle lumière primaire celle qui en produit une secondaire ; par exemple la lumière qui entre dans une maison par une fenêtre et illumine le

---

9   Voir ci-dessous p. [536-555] = p. 138-151.

reste de la maison est dite primaire à l'endroit où elle tombe, et secondaire dans les angles de la maison.

5) On appelle plus petite lumière celle qui, si on la suppose divisée, ne possédera plus l'acte de la [402] lumière.

6) On appelle rayon une ligne lumineuse.

7) On appelle ligne radiale celle par laquelle s'effectue la diffusion des formes.

8) On appelle ligne réfractée celle dont les parties contiennent un angle [...].

Postulats :

Nous postulons comme connu de soi par les sens :

1) La lumière condensée est plus forte que la dispersée.

2) Une lumière plus forte éclaire mieux, et se diffuse plus loin.

3) En l'absence de lumière, l'ombre se produit.

4) En présence de lumière l'ombre disparaît.

[...]

7) La lumière qui traverse des milieux colorés est colorée par leurs couleurs, comme le montre la lumière qui traverse des vitraux et qui informée par leur couleur transporte la forme de cette couleur sur les objets qu'elle rencontre.

8) La nature n'accomplit rien en vain, tout comme elle ne manque pas au nécessaire[10].

On constate que dans ces prémisses, que rien par la suite ne vient démentir, Vitellion ne se préoccupe en rien de la nature physique de la lumière ; il lui suffit qu'on la lui accorde, avec son opposée l'ombre, et avec la couleur. Qu'il s'agisse en son fond exclusivement du couple du visible et du non visible, la cinquième définition le montre bien : la lumière cesse d'être quand elle cesse d'être vue. De même il pose comme acquis le concept de rayon, qui va lui permettre [403] d'en traiter géométriquement. Il n'existe donc chez lui aucune tendance à rattacher les propriétés qu'il reconnaît à la lumière (diffusion rectiligne, possibilité d'être réfléchie, réfractée, et colorée) à des hypothèses sur ce qu'elle est ; pas plus d'ailleurs qu'il ne remonte des corps lumineux, transparents, opaques, ou de leur coloration, à leurs dispositions internes. L'optique reste fondamentalement science du visible, même s'il lui arrive de traiter des effets calorifiques des miroirs ou des lentilles.

En revanche, une transformation notable apparaît non chez Porta, qui n'est pas un théoricien, mais chez Maurolico. Si on a été tenté de le rapprocher de Kepler, c'est sans doute parce que déjà chez lui l'axe de l'optique commence à se déplacer. Par rapport à Vitellion, il s'agit

---

10   Vitellion, *Opticae Thesaurus...*, Livre II, *op. cit.*, p. 61.

presque d'une nuance, mais décisive : au lieu de s'en tenir à l'opposition du lumineux et de l'obscur, et bien qu'il la reprenne à son compte, il place au centre de l'ensemble de ses définitions et de ses postulats le concept d'*irradiation* :

Définitions :

1) Des corps lumineux, les uns rayonnent par eux-mêmes, comme le Soleil, une flamme ; mais les autres réfléchissent la lumière reçue d'ailleurs, comme la Lune, un miroir.

2) Nous dénommerons donc lumière primaire, celle qui provient immédiatement d'un corps rayonnant par lui-même.

3) Mais nous nommerons secondaire celle qui se produit à la suite d'une ou d'un nombre quelconque de réflexions.

4) Et nous appellerons ombre toute absence de lumière, [404] qu'elle soit générale ou particulière.

Postulats :

1) Tout point d'un corps lumineux rayonne en ligne droite.

2) Les rayons plus denses illuminent plus intensément, et ceux d'égale densité également.

3) Sur un miroir, pour un seul point irradié par un point quelconque d'un corps lumineux, la réflexion se produit aussi vers un seul lieu.

4) Quand on met à la place du corps illuminé le corps lumineux, et le corps lumineux à la place de l'illuminé, le corps lumineux continue à irradier l'illuminé par le même chemin.

5) Des rayons en plus grand nombre illuminent plus intensément, et en nombre égal également[11].

Tout va désormais basculer : avec la place centrale accordée au concept d'irradiation, l'optique, de science du visible, est en train de devenir science de la lumière. Les résultats techniques ne se font pas attendre, et jamais on n'était allé aussi loin que Maurolico dans l'étude des miroirs et des effets des surfaces réfringentes. Pourtant l'abbé de Messine ne conçoit pas encore que si la lumière ne se définit plus essentiellement par sa visibilité, les difficultés techniques auxquelles on se heurte peuvent être liées à l'ignorance de sa nature ou éclairées par une meilleure connaissance de ce qu'elle est : il est sans doute encore trop influencé par le phénoménisme de ses prédécesseurs pour penser sa science comme *science des causes*. Il [405] appartenait au contraire à

---

11 *Photismi, op. cit.*, p. 1.

Kepler de lui faire franchir ce pas, dont nous montrerons dans le chapitre « L'œil et la vision » combien il était nécessaire à la conception des images et à la théorie des lunettes. Plus tard, il est vrai, Newton se flattera de ne pas forger d'hypothèses : s'il pouvait se le permettre, c'est sans doute qu'il en avait déjà assez à sa disposition, et que leur fonction s'était transformée. Car il avait fallu auparavant que l'optique, en acquérant un statut d'objectivité lui permettant d'éliminer toute référence au psychisme de l'observateur, devînt purement et simplement une branche de la physique.

PHYSIQUE ET MÉTAPHYSIQUE DE LA LUMIÈRE

La longue histoire de la conquête de ce statut d'objectivité réserve bien des surprises. Contrairement à ce qu'on pourrait croire, il ne résulte pas de l'adoption d'une attitude exclusivement positiviste à l'égard des phénomènes lumineux. Une attitude de ce type n'aurait pu que perpétuer la pensée médiévale et son phénoménisme de première instance. Pour rompre avec elle, il fallait présupposer un au-delà essentiel aux phénomènes, une *cause* permettant de comprendre l'unité de leurs manifestations et les rendant de ce fait rationnelles et méthodiquement dénombrables ; quand Kepler entreprend de compléter Vitellion, il ne se propose rien d'autre :

> Car parce que beaucoup de choses ont été omises par Vitellion non seulement concernant le rayon direct, mais aussi le réfléchi et le réfracté, et que beaucoup [406] d'autres dont il fallait rendre raison *a priori* ont été seulement tirées de l'expérience et mises au nombre des principes : il m'a paru souhaitable d'examiner plus à fond tout ce qui concerne la nature de la lumière et de ramener dans la mesure où c'est présentement possible les phénomènes à leurs principes. Peut-être certains lecteurs auront-ils par cette discussion l'esprit encouragé ou aidé à découvrir les arcanes de la lumière. D'ailleurs ces questions ne sont pas si éloignées de notre propos : car il arrive plus d'une fois à l'astronome de recourir dans ce dont il traite à toutes sortes de rayonnements[12].

Il faut donc s'interroger beaucoup plus profondément sur la cause de phénomènes comme la réflexion et la réfraction, et « passer de la Géométrie à la théorie physique[13] ». Or « pour démontrer les affections

---

12 *A.P.O.*, introduction. GW, t. 2, p. 17.
13 *Ibid.*, chap. I. GW, t. 2, p. 18.

de cette sorte, tous les Philosophes et Opticiens font une comparaison entre le mouvement des corps physiques et la lumière, que nous allons pousser un peu plus avant[14] ». Et d'emblée, à la grande stupéfaction du lecteur [d'aujourd'hui], Kepler s'engage pour exprimer le noyau central de sa conception de la lumière, dans une aventure métaphysique dont nous avons déjà analysé le caractère archétypal, mais qu'il nous faut ici rappeler[15]. Il montre tout d'abord en quoi la sphère est le symbole de la Trinité divine :

> D'abord toute chose dut par sa nature, dans la mesure où pour chacune son essence le permettait, représenter [407] le Dieu créateur. Car comme le Créateur omniscient veillait à tout réaliser aussi bon, aussi beau, aussi excellent que possible, il ne trouva rien de plus beau, rien de plus excellent que lui-même. Aussi quand il conçut en son âme le monde corporel, il lui destina une forme aussi semblable que possible à lui-même. De là l'origine du genre entier des quantités, la distinction qui s'y fait entre le courbe et le droit, et la figure la plus excellente de toutes, la surface sphérique. Car en la formant le Créateur omniscient se plut à reproduire l'image de sa vénérable Trinité. C'est pourquoi le point central est pour ainsi dire l'origine de la sphère ; et la surface, l'image du point le plus intérieur et la voie qui y mène ; on peut la comprendre comme engendrée par une émanation *(egressus)* infinie du centre à partir de lui-même, qui obéirait à une sorte d'égalité : le centre se communiquant à la surface de telle manière que, une fois inversé entre centre et surface le rapport de la densité à l'extension, il y ait égalité. C'est pourquoi entre centre et surface existent partout l'égalité la plus absolue, l'union la plus étroite, l'accord le plus beau, liaison, relation, proportion, commensurabilité. Et bien que le Centre, la Surface et l'Intervalle soient manifestement Trois, pourtant ils ne font qu'un, au point qu'on ne peut même pas concevoir qu'il en manque un sans que le tout soit détruit[16].

La sphère est donc le modèle des choses créées. Mais celles-ci en diffèrent en raison de la nécessaire diversité de leur forme géométrique ; aussi sont-elles dotées de [408] vertus internes qui imitent plus fidèlement l'archétype primitif :

> C'est là l'image originaire, l'image la plus fidèle du monde corporel, que retient telle quelle, ou bien à quelque degré, tout ce qui parmi les créatures

---

14 *Ibid.* GW, t. 2, p. 19.

15 [L'auteur renvoie ici au chapitre IV, section I, 3° de sa thèse *Structures de pensée et objets du savoir chez Kepler, op. cit.*, t. 1, p. 197-199 = *Kepler astronome astrologue, op. cit.*, p. 137-139. *NdE*]

16 *A.P.O.* GW, t. 2, p. 19.

corporelles aspire à la plus haute perfection. Aussi comme les corps eux-mêmes étaient contenus dans les limites de leurs surfaces et ne pouvaient en tant que tels se multiplier sphériquement, ils ont été pourvus de vertus diverses, logées sans doute dans les corps, mais beaucoup plus libres d'elles-mêmes, car dépourvues de matière corporelle et constituées d'une matière qui leur est propre et se prête aux dimensions géométriques pour se diffuser en affectant la forme sphérique : cela apparaît clairement surtout dans l'aimant, mais aussi dans bien d'autres corps[17].

Et parmi toutes ces vertus, il est normal que la lumière, la plus éminente d'entre elles, respecte le mieux la sphéricité du modèle originaire :

> Quoi d'étonnant alors, si le principe de toute beauté dans le monde, que le divin Moïse introduit dès le premier jour dans la matière à peine créée comme instrument du Créateur pour donner à tout forme et vie; si donc ce principe, chose aussi la plus éminente de tout le monde corporel, mère des facultés animales et lien du monde corporel et du spirituel, obéit aux mêmes lois que celles qui devaient conférer au [409] monde sa beauté. C'est pourquoi le Soleil est un corps, mais pourvu de cette faculté de se communiquer à tout que nous appelons lumière; et auquel est due pour cette raison la place médiane, le centre du monde, pour qu'il puisse se propager également par tout l'Orbe. Et tout ce qui participe de la lumière imite le Soleil. De cette considération dérivent les propositions qu'Euclide, Vitellion et tous les autres rangent dans les principes[18].

Effectivement, Kepler va immédiatement enchaîner par les propositions cette fois d'ordre *physique* où il énonce comment il conçoit la nature de la lumière, sa propagation, les raisons qui la font se réfléchir ou se réfracter, la manière dont elle se colore... Avant de les aborder, revenons sur l'étonnement que suscite chez un lecteur d'aujourd'hui une liaison aussi intime, et qui paraît aussi gratuite, entre physique et métaphysique.

Il faut d'abord constater que l'avènement de la science classique a coïncidé non avec un déclin, mais avec un regain de cette dernière. Ce n'est pas seulement chez un Kepler, mais aussi chez un Descartes, un Huygens, un Leibniz, un Malebranche, qu'il arrive à la métaphysique de guider, d'éclairer, voire de permettre de déduire des vérités physiques. Et même quand on refuse ce rôle à la métaphysique, on ne peut se dispenser comme Hobbes, Gassendi ou Mersenne d'une réflexion

---

17   *Ibid.* GW, t. 2, p. 19.
18   *Ibid.* GW, t. 2, p. 19-20. On notera le lien au Copernicianisme de cette métaphysique de la lumière. [*Cf. Kepler astronome astrologue, op. cit.*, p. 235-241. N*d*E].

ontologique conduisant encore à une conception d'ensemble des phénomènes naturels. Quand on y réfléchit d'un peu près, c'est le contraire qui eût été étonnant. La [410] physique de ce temps a commencé à traiter d'entités inaccessibles aux sens, et que rien ne rendait manifestes dans une expérience première : la lumière mais pas le lumineux, la masse mais pas le poids, la force mais pas le lieu ou l'élan, la vitesse ou l'accélération derrière le mouvement, la pression derrière la rupture ou la déformation, la vibration derrière le son... Pour toutes ces entités situées au-delà de l'apparence immédiate, il fallait se représenter un mode d'existence : il fallait donc leur conférer un statut ontologique dont n'avaient pas besoin les penseurs médiévaux qui traitaient, eux, des lois des phénomènes directement accessibles aux sens, au moins dans la plupart des cas. De là le besoin d'une réflexion métaphysique sur les formes de l'être. Ce n'est que lorsque ces objets de second niveau (du point de vue de leur manifestation empirique) commencèrent à être dotés d'un statut cohérent qui leur était propre, à être insérés dans un faisceau de relations permettant de les penser les uns par les autres, qu'il ne fut plus nécessaire, ou d'une permanente nécessité, de les penser à l'aide de concepts allogènes et importés de la métaphysique. Mais il était sans doute impossible de ne pas commencer par là sinon pour un chercheur isolé, au moins pour la recherche dans son ensemble. Il est donc vain de mesurer le poids, le génie ou même la modernité d'un savant de cette époque aux analogies que présente son style ou sa démarche avec ceux de la science ultérieure, et *a fortiori* avec celle de notre temps. Car les exigences théoriques du présent d'alors, qui résultaient de ce que léguait le passé proche, n'étaient pas nécessairement et ne furent pas effectivement celles qui prévalurent ultérieurement, [411] et encore moins celles que nous connaissons actuellement.

C'est pourquoi il n'est pas du tout inutile d'analyser ce que dit ici Kepler de la lumière, et de le comparer à ce qu'on en disait avant lui. Dans la représentation qu'il s'en fait, le premier trait caractéristique est l'universalité archétypale du modèle qu'il en propose. Il existe un patron unique sur lequel sont bâties les choses cachées, ou les vertus secrètes des choses manifestes. Il en résulte, comme nous l'avons antérieurement noté[19], que le monde est indéfiniment miroir de lui-même : la Sphère

---

19 [*Cf. Structures de pensée et objets du savoir chez Kepler, op. cit.*, p. 190-199 = *Kepler astronome astrologue, op. cit.*, p. 133-146 *NdE*]

représente la Trinité divine, le Monde l'éminence de la Sphère, le Soleil la
dignité du Monde, l'Aimant la générosité du Soleil... Dans cette cascade
de similitudes, la source lumineuse est elle-même un soleil en réduction,
et c'est ce qui permet de déduire ses propriétés. Ainsi Dieu, en se maté-
rialisant symboliquement et immédiatement dans les moindres parties de
sa Création, en assure l'homogénéité et en permet l'intelligibilité *directe*.

Il s'agit là d'un fait nouveau. On trouve chez Vitellion un texte que
son statut épistémologique permet de rapprocher de celui que nous
venons de citer : c'est la préface qu'il dédie à son inspirateur et ami
Guillaume de Moerbeke (néoplatonicien comme le sera Kepler et comme
il l'est lui-même), qui l'avait souvent incité à écrire son ouvrage. Quand
son maître insistait ainsi, c'était également pour des raisons métaphysiques. Pendant que lui, Moerbeke, étudiait les médiations substantielles
entre l'Intelligible et les intelligences créées, il était bon que son disciple [412] dévoilât la manière dont « l'influence des vertus divines sur
les choses corporelles inférieures s'exerce grâce aux vertus corporelles
supérieures[20] ». On a reconnu en ces dernières tout particulièrement la
lumière qui, double sensible de la lumière intelligible, « assimile et relie
de merveilleuse manière les corps inférieurs (selon leur forme, et le lieu
où ils varient) aux corps supérieurs, perpétuels selon leur substance et,
du moins en puissance, selon le lieu où ils existent[21] ».

Au sein même de la métaphysique de la lumière, se produit avec Kepler
un remaniement, caractéristique des débuts de la science classique. Pour
un néoplatonicien du XIIIᵉ siècle, l'Intelligible est d'un ordre différent
du Sensible, et chacun doit être traité selon son genre ; d'autre part, la
lumière visible relie les deux extrêmes d'un monde substantiellement
hétérogène, où les corps inférieurs des régions sublunaires, condamnés
au dépérissement et au changement, n'auraient sans elle rien de commun
avec ces corps supérieurs que sont les astres, éternels et renouvelant sans
cesse le cycle inchangé de leur perpétuel mouvement. Il n'en va pas du
tout de même du modèle keplérien : comme Dieu est archétype universel, l'Intelligible habite le sensible, c'est-à-dire la nature ; et en toutes
ses parties le monde est homologue de lui-même. Le Copernicianisme,
en abolissant l'opposition des sphères supérieures et des inférieures, a
conféré à la Création l'unicité de texture qu'elle n'avait jamais eue. La

---

20   Vitellion, *Opticae Thesaurus...*, *op. cit.*, p. 1.
21   *Ibid.*, p. 1.

lumière sensible donne aussi bien accès au divin que Dieu donne accès à elle ; au lieu de tomber d'en [413] haut, elle rayonne du centre ; et les clefs de l'intelligibilité du monde se trouvent dans le monde même[22].

À son universalité, l'archétype de la sphère ajoute une cohérence interne qui en fait sans médiation un modèle technique. Or ceci est inédit, même si n'est pas nouvelle la lecture fonctionnelle et finaliste des propriétés de la lumière en tant qu'élément du cosmos. Vitellion déjà rattache certaines d'entre elles à son rôle médiateur. Il poursuit ainsi son introduction :

> Car la lumière est diffusion des formes corporelles suprêmes, elle qui s'applique par sa nature de forme corporelle aux matières des corps inférieurs, qui imprime grâce à sa divisibilité aux corps périssables les formes, par elle transportées, des agents divins et indivisibles, qui de plus, par son incorporation et la leur, produit sans cesse des formes spécifiques ou individuelles, où se répercute grâce à elle l'action divine tant des moteurs des orbes que des vertus motrices[23].

Il s'agit de la fonction d'entretien de la vie et du mouvement qu'exerce, comme l'attestent l'alternance des saisons et les cycles végétatifs, la lumière des astres dans le monde sublunaire : elle-même forme intermédiaire, elle donne naissance à ces formes dérivées que sont les espèces et les individus du règne animal et végétal. On peut déduire de là certaines des propriétés qui la rendent propre à accomplir sa tâche :

> [414] Parce que donc la lumière est en acte forme corporelle, elle s'égale aux dimensions corporelles des corps sur lesquels elle influe, et partage l'extension avec les corps étendus ; mais parce qu'elle provient toujours d'une source qui est à l'origine de sa vertu, elle assume plus spécialement par accident la dimension de la distance (qui est une ligne droite) et prend ainsi le nom de rayon. Et parce que la ligne droite naturelle se trouve toujours dans une surface naturelle et que l'angle est la passion subie par les surfaces (puisqu'il survient en elles par les lignes qui les terminent), à la considération du rayon lumineux s'adjoint celle des angles, et la perpendicularité des rayons est cause des angles droits. Mais l'obliquité du corps irradiant sur le corps irradié cause des angles aigus et obtus : et c'est selon elle que varie l'influence des corps lumineux[24].

---

22 En réintroduisant une distinction *substantielle* entre Dieu et le Monde, et la Pensée et l'Étendue, Descartes retrouvant d'ailleurs ainsi une coupure nouvelle certains des clivages médiévaux, s'oppose à cette métaphysique naturaliste *terme* à *terme* – donc selon une structure de pensée comparable, sinon identique.

23 [Vitellion, *Opticae Thesaurus…*, *op. cit.*, p. 1. NdE]

24 *Ibid.*, p. 1.

Ainsi dispersion dans l'espace, propagation rectiligne, importance du plan de réflexion ou de réfraction, diminution de la luminosité et de la chaleur avec l'incidence s'expliquent par la fonction dévolue à la lumière. En commençant ses compléments à Vitellion par une réflexion métaphysique sur la place et le rôle de la lumière dans le monde, destinée à en justifier les propriétés essentielles, Kepler ne fait donc que poursuivre l'inspiration de son devancier.

Il s'en faut toutefois qu'il se contente de reprendre un lieu commun sans autre intérêt que rhétorique. Car le symbolisme trinitaire de la sphère ne vient pas seulement [415] enrichir de ses valorisations mystiques le Copernicianisme du mathématicien impérial, en assignant au Soleil la place désormais éminente du centre. Il offre bien plus encore qu'une interprétation rationalisant après coup ce que l'expérience donne à constater : c'est cette fois un *modèle technique* cohérent de diffusion qu'il permet de mettre en place. On verra dans la section suivante et les chapitres ultérieurs le parti que Kepler a su tirer de l'idée que le centre étant aussi la source, la lumière se propage par nappes sphériques successives, et que c'est ce qui explique nombre de ses propriétés. Remarquons dans l'immédiat l'étrange discontinuité d'une tradition continue : le vieux symbolisme n'est pas abandonné, mais il est remanié de telle sorte que sa richesse sémantique vient renforcer sa pertinence descriptive et sa fécondité opératoire. Ce qui en effet chez Vitellion est justifié par un *parallèle* – la médiation des formes intelligibles pour les choses spirituelles, celle de la lumière pour les corporelles – l'est chez Kepler grâce à un *modèle* qui a simultanément une portée métaphysique et une validité physique, où se rejoignent les considérations finales, formelles et efficientes. Nous retrouvons ici l'équivoque et la richesse du symbolisme causal que nous avons analysé au début de notre chapitre IV : il appartient encore tout entier à la sphère de la pensée analogique-hiérarchique, et déjà tout entier à celle de la pensée causale[25]. Il répond dans l'immédiat à une exigence de complète *cohérence* que n'avait pas celui de ses prédécesseurs.

Il en résulte une autre différence avec Vitellion. Chez lui, la lumière était pure *forme* médiatrice, venant informer la matière des choses inférieures

---

25 [Gérard Simon renvoie ici au chap. IV de sa thèse intitulé « Les fondements mathématiques et métaphysiques des harmonies ». *Cf. Structures de pensée et objets du savoir chez Kepler, op. cit.*, t. 1, p. 189-199. = *Kepler astronome astrologue*, chap. III, § I, « La symbolique de la sphère et du cercle », *op. cit.*, p. 134-146. *NdE*]

grâce à sa propre [416] information par les entités astrales supérieures. Il n'est pas question de sa matière propre, et la forme garde son sens scolastique de forme substantielle (expressément : elle assimile les choses inférieures aux supérieures « selon leur substance »). Par exemple, elle transmet aux plantes et aux animaux la chaleur du soleil, avec plus ou moins d'efficacité selon sa hauteur sur l'horizon. Un second remaniement caractéristique s'opère chez Kepler ; nous l'avons déjà rencontré à plusieurs reprises : la forme est conçue dans son sens exclusivement géométrique et non plus substantiel. Il en résulte qu'elle ne peut plus envisager le voyage qu'elle fait accomplir à des vertus célestes sans préciser la nature *matérielle* de leur support. La forme, cessant d'être substantielle pour devenir géométrique, ne se suffit plus conceptuellement à elle-même ; un besoin intellectuel nouveau apparaît, ou une interrogation qui auparavant n'avait pas lieu d'être, celui de savoir *en quoi consiste le substrat de la forme*. Kepler assigne donc à la lumière une « matière qui lui est propre », différente de celle des corps, dont il indique, plus loin, qu'elle se caractérise par la pondérabilité. De ce fait, la lumière acquiert une pleine indépendance à la fois ontologique et physique. Elle n'est plus la propriété des corps lumineux, une qualité qui leur est propre et qui se diffuse au loin, mais une entité physique se suffisant à elle-même, possédant à la fois sa forme et sa matière. Petit glissement conceptuel, gros de conséquences épistémologiques : pour la première fois la lumière fait son apparition comme objet physique doué d'une consistance propre et n'est plus simplement propriété d'un *autre* objet, ou passage à l'acte [417] d'une *qualité* encore à l'état de puissance dans le milieu transmetteur. L'optique physique (tout comme par ailleurs l'astronomie physique qu'inaugure Kepler) peut commencer. Ce qu'elle fait, au moins à titre de question ouverte, au XVIIe siècle : on peut dater exactement de 1604 ses débuts.

La difficulté est de conférer un statut ontologique à ces entités physiques qui se manifestent corporellement dans la nature sans être expressément matérielles. On en trouvera un autre exemple avec le magnétisme de l'aimant ; nous avons également noté que la *virtus motrix* émanée du Soleil en est encore un troisième. De là l'importance du concept de *species*, dont nous avons mené l'étude dans le précédent chapitre[26]. Il permet de

---

26 [Voir le chap. VI de la thèse, « La perception des harmonies », *op. cit.*, t. 1, p. 323-350 ; repris en partie seulement dans *Kepler astronome astrologue*, chap. IV, § III, « Le macrocosme et les microcosmes », *op. cit.*, p. 213-226. *NdE*]

penser ces vertus diverses logées dans les corps, mais qui franchissent leurs limites pour se diffuser tout autour d'eux : la tentation première, car la représentation la plus simple, a été de leur conférer un substrat, et d'en faire des substances différentes sans doute des matérielles, mais analogues à elles, pensées comme le dit Kepler *sur leur modèle*, « par comparaison avec elles ». La nature se peuple d'entités plus ou moins subtiles, plus ou moins proches de la matière ou de son opposé l'âme.

De ce point de vue le texte initial de l'*Astronomiae Pars Optica* est le symétrique ou le corollaire de ceux que nous avons tirés de l'*Harmonice Mundi*, où l'âme était considérée comme une flamme[27]. Il en est même l'exact complément. L'homologie de l'âme et de la lumière finit ici de se dévoiler. L'une comme l'autre sont à la fois forme sphérique et matière spécifique impondérable, de type igné : la plus haute des entités corporelles, la lumière, est de même genre et de même niveau ontologique que la plus basse des entités spirituelles, [418] la faculté vitale. La nature s'organise selon une hiérarchie de choses créées, dont la continuité est assurée : entre les corps et les âmes il n'existe en valeur comme en essence aucune solution de continuité. Ceci permet de comprendre comment peuvent s'accomplir les fonctions prêtées à la lumière. Elle peut être « mère des facultés animales et lien du monde corporel et du spirituel », puisqu'elle est une réalité mixte, obéissant comme le corps aux lois de la géométrie, mais entretenant comme la flamme primordiale la vie dans tout l'univers : elle est donc par sa nature médiatrice entre le règne de la matière et celui du psychisme. Kepler n'a pas sur l'univers le regard d'un physicien classique : l'idée qu'il se fait des entités naturelles est précartésienne, et rien n'est plus étranger à sa pensée que l'idée d'une coupure complète et infranchissable entre l'âme et le corps. Tout au contraire il existe des réalités mixtes, comme la lumière ou la faculté animale de l'âme, et il ne voit aucune difficulté à parler spirituellement des choses corporelles, et corporellement des spirituelles.

Mais il n'en reste pas pour autant à la vision du monde et surtout à la texture ontologique qui orientent l'introduction de Vitellion. Là encore l'exigence de cohérence causale a fait son effet. Le rapport entre le spirituel et le corporel est pour le moine polonais d'ordre analogique ou métaphorique : la lumière joue pour les choses corporelles le rôle que

---

27   [Voir *Kepler astronome astrologue*, chap. IV, § II, « L'âme et la lumière », *op. cit.*, p. 195-211. N*dE*]

jouent les intelligibles pour les choses spirituelles. Elle n'est pas elle-même une entité de même ordre que ces dernières ; bien au contraire, Vitellion prend soin d'indiquer qu'elle est *dans son ordre* ce que les intelligibles [419] sont dans *le leur*. Chez Kepler au contraire, la métaphore se fait image spéculaire, et le rapport de hiérarchie, relation réciproque de causalité. Le monde se ressert et cesse d'être double : la continuité du spirituel et du matériel passe par les réalités mixtes de la lumière et de la faculté vitale, toutes deux non seulement construites sur le même modèle sphérique, mais composées du même élément igné. Parce qu'elles agissent les unes sur les autres, il faut qu'elles soient fondamentalement semblables. La Physique exigeait sans doute à ses débuts le postulat de l'*unité* des phénomènes naturels ; contrairement à ce qu'une lecture anachronique peut laisser croire, cette unité n'a pas pris d'emblée la forme d'une conception matérialiste de la nature qu'illustrent fort bien le dualisme cartésien et le mécanisme qui en est le corollaire, laissant à la seule matière l'univers des phénomènes corporels. L'autre solution a également historiquement existé, et même a été antérieure : celle qui aboutissait à *spiritualiser* selon des lois mathématiques les données de l'expérience, à concevoir la nature sur le modèle de l'âme ou d'un grand vivant, mais d'une âme ou d'un vivant obéissant eux-mêmes aux règles de la causalité et aux principes de la géométrie. L'exigence causale s'est emparée simultanément de toutes les entités du vieux monde intellectuel pour les soumettre à sa loi. Elle les a donc pliées à de communs archétypes, à la fois en continuité de référence et en divorce de fonctionnement avec les anciennes représentations. L'objet physique que l'on voit ici émerger, a dû avant de prendre sa forme classique passer par une série de nécessaires métamorphoses, et le premier avatar de la lumière a été de devoir perdre sa [420] connotation spirituelle.

On aurait donc tort de voir dans l'objet physique keplérien déjà le nôtre. Il est encore très lié à la considération du cosmos et vient à peine d'acquérir son indépendance à son égard, son autonomie ontologique. Il s'inscrit de plus dans une hiérarchie des choses créées qui fait qu'entre la matière brute et les plus hautes facultés de l'âme il existe tous les degrés intermédiaires de matérialité et de spiritualité : la lumière, la force, la faculté vitale font partie de ces réalités intermédiaires. Enfin il est soumis à une causalité elle-même adaptée à la nature des objets qu'elle met en rapport, et où le principe de continuité analogique-hiérarchique continue à jouer un rôle déterminant[28]. Il nous reste à voir comment ces *a priori* se spécifient dans la conception de la lumière, quelles ressources ils offrent à l'investigation et quelles limites ils lui imposent.

LA LUMIÈRE, ÉMISSION   [421]
EN NAPPES SPHÉRIQUES

UNE ÉMISSION RESPECTANT LES LOIS DE LA DYNAMIQUE

Contre Aristote, Kepler entend dès l'abord affirmer que la lumière est quelque chose qui, émis par la source, se propage à travers l'espace. Comme le prouve l'appendice qu'il joint à son chapitre, il s'oppose ainsi de manière très consciente à la thèse du Stagirite, qui en faisait une modification qualitative du milieu intermédiaire :

> *Proposition I. Il convient à la lumière d'être un flux* (effluxus) *ou une émission* (ejaculatio) *se propageant à distance à partir de son origine.* On a vu en effet qu'elle doit se communiquer à tous les corps. Cette communication devait se faire par conjonction spatiale : nous avons dit que la lumière tombe sous les lois de la Géométrie, et est à considérer localement comme un corps Géométrique. Elle se communiquera donc ou par accès de sa source aux choses, ce qui est absurde et supprime toute communication ; ou bien – et c'est la seule solution restante – par sortie locale d'un flux issu du corps qui est le sien[29].

On remarquera que le mathématicien impérial, contrairement à ses prédécesseurs, ne commence pas son traité par des postulats, mais que d'emblée il donne à ce qu'il énonce la forme de propositions : l'expérience seule est insuffisante, sans la théorie qui permet *a priori* de lui conférer une rationalité. Il s'attache donc à *déduire* des prémisses ontologiques

---

28   La réaction la plus radicale à cette conception de la causalité admettant des « entités distinctes de la matière » et « causes des choses que l'on voit arriver » sera celle de Malebranche. En poussant à son terme, avec sa théorie des causes occasionnelles, la contestation cartésienne d'une efficace propre aux corps, il entend consciemment en finir avec ce qu'il considère comme le paganisme latent de la pensée médiévale. – Sur cette question, voir l'analyse de F. Alquié dans *Le cartésianisme de Malebranche*, Paris, J. Vrin, 1974, chap. VI ; en particulier p. 247.
29   *A.P.O.* GW, t. 2, p. 20.

et cosmologiques qu'il vient d'exposer les principales [422] propriétés de l'objet qu'il étudie.

Il faut commencer par clarifier la manière dont la lumière est émise. Fait capital, parce qu'il est une des clefs de la reconstitution stigmatique de l'image dont nous étudierons ultérieurement la nouveauté, tout point d'un corps lumineux peut être considéré comme une source indépendante. Seul avant lui Maurolico avait avec autant de clarté énoncé le même principe :

> *Prop. II. Chaque point émet une infinité de lignes.* Ceci pour éclairer toute la sphère circonscrite, ce que nous avons dit devoir se faire. Mais en tant qu'il est lui-même sphérique, il a une infinité de lignes[30].

De plus, il n'y a aucune raison d'affirmer comme le fait Vitellion que la distance abolit la lumière ; sa nature, comme les lois de la dynamique, interdisent de le penser :

> *Prop. III. La lumière en elle-même peut progresser à l'infini.* En effet, comme en raison de ce qui vient d'être dit elle participe à la quantité et à la densité, l'ampleur de sa diffusion ne peut jamais la réduire à néant ; car la quantité, et donc la densité, se laissent diviser à l'infini. Ceci sur l'essence. Mais de plus la force d'émission est infinie, puisque d'après les propositions précédentes, il n'y a en la lumière ni matière, ni poids, ni donc aucune résistance. La proportion de la vertu au poids est donc infinie[31].

[423] Il est désormais possible d'annoncer la rectitude de la propagation, et de définir le rayon :

> *Prop. IV. Les lignes de ces émissions sont droites ; on les appelle rayons*[32].

Kepler justific sa proposition par des considérations efficientes et finales : pour se propager en sphère, la lumière doit sortir en ligne droite ; celle-ci étant le plus court chemin répond le mieux à ses fonctions de liaison entre les corps ; la violence de l'émission l'impose ; enfin son aptitude à progresser à l'infini serait démentie par une trajectoire courbe[33].

---

30 *Ibid.* GW, t. 2, p. 20. Voir dans le présent chapitre le premier postulat de Maurolico, p. [404] = p. 47.
31 *Ibid.* GW, t. 2, p. 20. Voir ci-dessus le second postulat de Vitellion, p. [402] = p. 46.
32 [*Ibid.* GW, t. 2, p. 20. *NdE*]
33 *Ibid.* GW, t. 2, p. 20-21.

Enfin, la propagation de la lumière se fait à une vitesse infinie :

> *Prop. V. Le mouvement de la lumière ne dure pas, mais est instantané.* Car comme
> il a été démontré par Aristote dans ses livres sur le mouvement, il existe un
> rapport entre la durée (du mouvement) et la proportion soit entre la vertu
> mouvante et le poids ou la masse mobile, soit entre le poids et le milieu. Mais
> cette force mouvante est infinie par rapport à la lumière à mouvoir : puisque
> la lumière n'est pas matérielle et donc n'a pas de poids. Ainsi le milieu ne
> résiste en rien à la lumière, parce que la lumière manque de la matière par
> quoi arrive la résistance. Donc la vitesse de la lumière est infinie[34].

On notera avec quelle suite Kepler transcrit techniquement son
modèle archétypal. Celui-ci recèle d'abord des [424] implications finalistes liées à son origine cosmologique : la lumière doit être une émission
(prop. I), en ligne droite (prop. III) pour gagner toute l'orbe à éclairer.
Mais aux considérations finalistes viennent d'emblée s'en ajouter d'autres.
Ontologiques (ou « physiques ») en premier lieu : la lumière est un « corps »
puisqu'elle obéit à des lois géométriques et se propage dans l'espace ;
mais un corps sans matière – entendons sans matière *pondérale*, puisque
nous la savons douée de sa matière propre, en tant que celle-ci s'oppose
à la forme. De ce fait, elle répond encore à une seconde exigence ; elle
obéit aux lois de la dynamique, comme tout autre corps ; elle n'est en
rien une exception dans la nature. On peut bien entendu déjà relever que
cette dynamique keplérienne est préclassique ; nous nous réservons de
l'étudier en un lieu plus approprié, quand nous traiterons de l'astronomie[35].
Remarquons simplement ici qu'elle est pour l'essentiel aristotélicienne :
elle ignore le principe d'inertie, et tout mouvement présuppose un moteur ;
les deux facteurs qui s'opposent au mouvement sont le poids du mobile
et la résistance du milieu ; la vitesse du mobile résulte donc du rapport
entre la force qui provoque le mouvement et les deux freins combinés
du poids et de la résistance – Kepler tire logiquement de ces prémisses
sa proposition V : comme la lumière n'a aucun poids, le milieu ne peut
exercer sur elle aucune résistance, et par conséquent quelle que soit la
force d'émission sa vitesse ne peut être qu'infinie.

Cette conclusion, toutefois, n'est plus aristotélicienne : les Péripatéticiens
ont toujours tenu pour contradictoire l'idée d'un mouvement de vitesse

---

34 *Ibid.* GW, t. 2, p. 21.
35 [Voir *Kepler astronome astrologue*, chap. VII, § I, « Forces et âmes », § 1, « La dynamique de
    Kepler », *op. cit.*, p. 343-348. *NdE*].

infinie ; le mouvement [425] en effet s'effectue dans le temps, et ne peut s'accomplir dans l'instant. C'est l'une des raisons pour lesquelles Aristote combattait les théories de l'émission ; comme il admettait lui-même l'instantanéité de la propagation, il en concluait qu'en présence d'un objet lumineux, une qualité propre au milieu diaphane passe brusquement de la puissance à l'acte. L'expérience de la chambre noire convainc Kepler, comme il l'explique dans son appendice, que tout autre schéma que celui de l'émission est démenti par les faits. Il assume donc la contradiction refusée par le Stagirite, en parfait accord d'ailleurs avec les principes de sa propre dynamique, tels qu'il les énonce à la même époque dans son *Astronomie Nouvelle*. Car il subit également l'influence des théories de l'*impetus* : il assimile l'émission à partir de la source à un mouvement violent ; seules pourraient résorber cet élan initial la résistance offerte par le poids du corps ou les frictions du milieu, dont il démontre l'inexistence. Dans sa déduction des propriétés de la lumière, il est donc logique avec lui-même.

UNE FORCE D'ÉCLAIREMENT QUANTIFIABLE

Il reste également fidèle aux intuitions concrètes-sensibles dont nous avons noté la prévalence sur sa pensée. Outre celui de poids, les concepts de rareté et de densité vont désormais jouer un rôle catégoriel dans sa description de l'éclairement, comme un peu plus loin dans sa théorie des milieux transparents, et de l'obstacle offert par les surfaces réfléchissantes et réfringentes. Il entend par densité la quantité d'une entité physique quelconque, matière ou [426] lumière, par unité de volume ; cette opposition de la *densitas* et de la *tenuitas* oriente déjà son analyse de la variation de la luminosité en fonction de la distance de la source :

> *Prop. VI. La lumière subit à mesure qu'elle s'éloigne du centre une atténuation du fait de sa diffusion en largeur.* Car la lumière, en vertu des propositions II et IV, sort selon des droites infinies : celles-ci sont plus proches les unes des autres près du centre, puisqu'elles sont en même nombre dans un petit espace que dans un plus grand. Mais c'est là la définition de la rareté et de la densité. Donc elle est atténuée en largeur.
>
> *Prop. VII. Le rayon lumineux à mesure qu'il s'éloigne du centre ne subit aucune atténuation du fait de sa diffusion en longueur* : le rayon en gagnant en longueur ne devient pas plus rare, du fait du moins de sa seule longueur[36].

---

36 *A.P.O.* GW, t. 2, p. 21.

Le concept de rayon lumineux a désormais trouvé l'assise qui sera la sienne dans l'optique classique : il est en toute clarté une ligne droite capable de se prolonger à l'infini, qu'aucune distance ne peut en tant que telle abolir, parce qu'il n'est pas lié à l'exercice de la vision, mais à la propagation d'une entité physique indépendante de tout observateur. De ce fait, la valeur de l'éclairement cesse d'être une donnée qualitative, pour devenir une variable quantitative :

> *Prop. IX.* Pour deux surfaces sphériques centrées sur l'origine de la lumière, l'une plus petite, l'autre plus grande, la force ou la densité des rayons lumineux en [427] l'une et en l'autre est inversement proportionnelle à leur grandeur. Car par les prop. VI et VII il y a autant de lumière dans la plus petite surface sphérique que dans la plus grande : elle est donc d'autant plus serrée et dense que la première est plus petite que l'autre. Il en irait différemment si la densité du rayon s'affaiblissait avec la distance au centre, ce qui a été nié par la prop. VII[37].

Ainsi, dès que la lumière acquiert un statut d'objet physique, peut être énoncée *a priori* la première loi connue de la photométrie : l'intensité de l'éclairement est inversement proportionnelle au carré de la distance à la source lumineuse. Dans ses deux premiers postulats, Vitellion ne pouvait encore énoncer qu'une règle qualitative[38] ; le passage à la quantification est désormais acquis parce que le fait lumineux a cessé d'être une donnée psychique. La loi qu'énonce ici Kepler ne lui sera pas seulement utile en optique ; il s'en servira comme référence dès qu'il aura à traiter de l'analogue d'un rayonnement ; c'est par exemple d'elle qu'il part pour, en astronomie, tenter de calculer la force motrice qu'il attribue au Soleil.

UNE ENTITÉ PHYSIQUE SE PROPAGEANT EN NAPPES SPHÉRIQUES

On pourrait croire, à constater l'insistance que met Kepler à montrer que la lumière est une émission, que le concept opératoire central va être dans son optique celui [428] de *rayon*. Or il n'en est rien, et son analyse est à la fois beaucoup plus complexe et beaucoup plus fructueuse. En effet, le rayon n'est seulement pour lui qu'une abstraction permettant à l'esprit de se représenter le chemin parcouru par la lumière ; mais

---

37 *Ibid.* GW, t. 2, p. 22.
38 *Cf.* ci-dessus dans le présent chapitre, p. [402] = p. 46.

la lumière elle-même ne s'y réduit pas, parce qu'elle n'en est jamais que l'extrémité, qu'il faut imaginer se déplaçant en ligne droite à une vitesse infinie. Comme de tout point lumineux émane une infinité de tels rayons, et dans toutes les directions, l'entité lumineuse proprement dite est la superficie d'une sphère qui, d'abord ponctuelle, s'accroît en occupant tour à tour tous les points de l'espace. Si l'on veut donc concevoir clairement la nature de la lumière, il faut toujours avoir en tête qu'elle est une surface en déplacement, qu'elle n'est que cela, et qu'elle ne s'identifie pas à sa trajectoire :

> *Prop. VIII. Le rayon lumineux n'est en rien la lumière qui se propage.* Car le rayon, d'après la prop. IV, n'est rien d'autre que le mouvement même de la lumière. Mais de même que dans le mouvement physique, le mouvement en lui-même est une ligne droite, et le mobile physique est le corps : de même dans la lumière le mouvement lui-même est aussi une ligne droite, et le mobile, une surface. Et de même que dans le premier cas la rectitude ne s'applique pas au corps, mais à son mouvement, de même ici la rectitude ne s'applique pas à la surface, mais à son mouvement[39].

On ne saurait trop insister sur l'importance technique de cette représentation. C'est elle qui va guider l'investigation de Kepler, et qui va être à l'origine de ses [429] succès comme de certains de ses échecs. Elle va dominer l'analyse de la réfraction, et sera sans doute l'une des raisons du fait que le mathématicien impérial laisse échapper la loi qu'il avait presque atteinte ; en revanche, elle va lui faire saisir combien il est important de prendre en considération des faisceaux de rayons et non des rayons isolés, et le mener ainsi, pour expliquer le rôle du cristallin, au concept de convergence ponctuelle, aboutissant à la théorie classique de la formation de l'image réelle, qui s'épanouit dans la *Dioptrique*[40].

Or elle est directement issue d'un modèle métaphysique. On peut s'étonner de l'exceptionnelle fécondité technique d'un symbolisme mystico-géométrique dont il faut bien avouer qu'il est à nos yeux parfaitement gratuit. On peut bien sûr invoquer le génie et ses intuitions fulgurantes et chanceuses ; mais même s'il est vrai que Kepler n'en manque pas, une explication de cet ordre ne fait jamais que camoufler une défaite ou une renonciation à comprendre. Or ici un indice peut nous

---

39 *A.P.O.* GW, t. 2, p. 21.
40 Sur le premier point, voir ci-dessous, p. [478-514] = p. 99-124. Sur le second, p. [518-535] = p. 126-138 ; et p. [573-589] = p. 163-174.

mettre sur la voie d'une solution. Le mathématicien impérial a appliqué le même archétype fondamental à l'interprétation du cosmos : même si sa cosmologie va se révéler féconde et susciter d'éclatantes réussites astronomiques, en elle-même elle sera aussitôt dépassée, et en moins d'une génération le monde sphérique clos du *Mystère cosmographique* ou de l'*Harmonie* cèdera la place à l'univers infini de la science classique. En optique au contraire, non seulement les résultats mais les raisonnements ne seront pas [430] remis en question. Le modèle métaphysique retenu lui est donc tout particulièrement adapté.

Peut-être faut-il alors inverser l'ordre explicite que suit Kepler : il déduit la propagation lumineuse de la symbolique de la sphère ; mais cette symbolique elle-même, qui, rappelons-le, est dans sa précision de sa part une innovation, n'a-t-elle pas été elle-même suscitée par des représentations coperniciennes liées à la place du Soleil dans le monde ? Koyré a déjà insisté sur la longue tradition médiévale des métaphysiques de la lumière, et sur leur lien avec l'optique ; il a montré comment, lors de la renaissance néoplatonicienne et néopythagoricienne du XVIᵉ siècle, elle avait pu même chez un Copernic se transformer en une véritable tendance à l'héliolâtrie[41]. On peut donc penser que le modèle empirique qui inspire à Kepler son archétype métaphysique fondamental est tout simplement le Soleil et la lumière qu'il émet du centre du monde vers sa superficie. Il n'y aurait en ce cas rien d'étonnant à ce que l'optique ait tiré un profit technique d'une représentation symbolique dont elle aurait elle-même été la source.

Il reste que la description ainsi donnée de la propagation lumineuse est aussi audacieuse qu'inventive. Malgré la pertinence de son modèle, le mathématicien impérial est obligé d'assumer une série de contradictions. En premier lieu, le mouvement de la lumière est instantané ; un déplacement qui se produit en dehors de toute durée est déjà difficile à admettre. Mais de plus, la nappe lumineuse occupe une série de positions *successives dans l'espace*, sans qu'elles [431] correspondent à des instants *successifs dans le temps* : la lumière est donc un *corpus geometricum* dont on peut décomposer spatialement, mais non chronologiquement, la progression. Elle effectue un mouvement dont seule existe la trajectoire, mais pas la durée, puisque sa vitesse est infinie. Enfin il faut admettre non seulement l'existence d'un corps

---

41   Koyré, *La révolution astronomique*, Paris, Hermann, 1961, p. 69.

sans matière, mais également l'idée d'un mobile sans épaisseur, qui existe uniquement en tant que surface en quasi-déplacement. Il est donc clair que, pour décrire d'aussi près que possible la spécificité de son objet, Kepler ne recule pas devant ce qui peut paraître comme de sérieuses contradictions.

Mais sont-elles pour lui aussi insurmontables que pour nous ? Les concepts essentiels de la dynamique qu'il partage avec ses contemporains doivent en fait les lui rendre moins sensibles. Quand on analysait le mouvement, on n'en liait pas encore synthétiquement toutes les composantes, force, masse, vitesse, trajectoire. On procédait au contraire de manière classificatrice : on traitait à part de son essence, naturelle ou violente ; de sa forme, rectiligne ou curviligne ; et de ses caractéristiques cinématiques, qui dépendaient de trois termes distincts, le milieu, le mobile, et le moteur. De plus, l'idée que le mathématicien impérial se fait de la réalité physique, *continuum* hiérarchisé allant de la grossièreté de la matière pondérale à la subtilité incorporelle de l'âme, l'autorisait à concevoir une pure énergie se propageant selon des lois géométriques sans présenter pour autant une quelconque épaisseur. Il doit donc avoir l'impression moins d'assumer des contradictions insurmontables que de pratiquer, comme il le fait souvent, un [432] audacieux passage à la limite.

Toutefois, ce qui pour lui était encore acceptable va cesser assez vite de l'être avec les progrès de la dynamique et le triomphe du mécanisme : les deux raisons qui rendaient plausible sa représentation disparaissent simultanément une génération plus tard. S'ensuit-il que son modèle de diffusion en nappes sphériques ait avorté sans aucun lendemain ? Certes, il faut se défier de la tentation presqu'inévitable, quand on étudie longtemps un auteur, de surévaluer son œuvre, ce qui revient d'ailleurs à surévaluer l'intérêt de ce qu'on écrit soi-même. Il est pourtant avéré que les deux traités d'optique de Kepler ont été étudiés avec attention presque jusqu'à la fin du XVIIe siècle. On trouve à plusieurs reprises dans les œuvres complètes de Huygens la mention d'une réflexion approfondie sur ce qu'ils avançaient[42]. Or que pouvait-on y lire ? La diffusion de la lumière représentée comme une succession de sphères de plus en plus grandes ; une surface se propageant sans transport de matière ; les espèces lumineuses, ainsi que nous l'avons montré dans

---

42   Huygens, OC t. XIII, fasc. II, p. 740-741 et *passim*.

le chapitre précédent[43], tenues pour analogues aux espèces sonores. Ne peut-on penser que – comme de plus le mathématicien impérial a constamment utilisé *techniquement* son modèle de diffusion – un homme comme Huygens a pu à cette lecture se représenter les ondes lumineuses, dont on avait avant lui avancé l'hypothèse à l'exemple des ondes sonores, comme autant d'ébranlements périodiques de l'éther prenant la forme de nappes sphériques ? La similitude de conception – compte tenu des connaissances [433] acquises entre-temps sur les phénomènes ondulatoires, et des découvertes nouvelles dont il fallait rendre compte (mais même le vieux problème de la réflexion est loin d'être simple, et continuait à se poser) – nous semble en tout cas manifeste.

Si ce rapprochement est justifié, il est frappant de constater que la première hypothèse « physique » sur la nature de la lumière, même s'il s'agit d'une physique préclassique, s'est trouvée déjà dans l'obligation d'assumer les contradictions qui devaient ultérieurement éclater. La conception de Kepler maintient encore indistincts et confondus le concept de l'émission et celui d'une nappe de propagation. L'idée explicite dominante est celle de l'émission, mais c'est celle d'une surface en déplacement et non de particules en mouvement. L'optique n'ayant pas encore développé les contradictions de sa période classique, le premier essai de théorie physique, de manière significative, reste en-deçà de ce qui sera l'opposition entre point de vue ondulatoire et point de vue corpusculaire, tout en prenant en compte simultanément, conformément aux besoins manifestés par le donné empirique et la nécessité d'en trouver un schéma explicatif, l'existence d'une émission et le modèle d'une propagation par nappes.

---

43 [Voir le chap. VI de la thèse, « La perception des harmonies », *op. cit.*, t. 1, p. 323-350 ; repris en partie seulement dans *Kepler astronome astrologue*, chap. IV, § III, « Le macrocosme et les microcosmes », *op. cit.*, p. 213-226. NdE].

TRANSPARENCE, OPACITÉ, COULEURS   [434]

TRANSPARENCE ET RÉFRACTION

Une fois qu'il a exposé sa conception de la lumière, Kepler passe à l'étude des différents milieux qu'elle peut rencontrer. Il s'attache à dégager pourquoi elle traverse les uns alors qu'elle est arrêtée par les autres ; et pourquoi elle peut être réfléchie ou réfractée par eux. Une fois encore, sa volonté de rendre raison des *causes* de ces phénomènes le distingue de ses devanciers. La critique que, dans l'appendice à son chapitre, il fait d'Aristote, prouve qu'il en est parfaitement conscient. Il résume les thèses optiques du philosophe grec en vingt-et-une propositions ; il formule ainsi la seconde, qui porte sur la transparence : « La lumière est l'acte du diaphane en tant que diaphane[44]. » Son commentaire exprime sans équivoque le but qu'il poursuit :

> Ici la définition d'Aristote est purement verbale. Quelque chose est transparent, quand il laisse transparaître les objets et translucide, quand il se laisse traverser par des lueurs lumineuses ; et ni l'un ni l'autre ne se produit sans lumière. Mais on approche de beaucoup plus près la nature des choses quand on indique quelles dispositions font que les corps se laissent traverser par elle, indépendamment de sa présence ou de son absence. Car il est certain que l'arrivée de la lumière ne modifie pas la nature des corps ; et cependant certains d'entre eux restent de toute manière [435] ténébreux, et d'autres seulement en l'absence de lumière[45].

Ce que le mathématicien impérial écrit ici de la transparence est également vrai de la réfringence. Il veut substituer à la simple énonciation de propriétés qualitatives appartenant à différents milieux une explication de ces mêmes propriétés par leur structure interne. L'exigence qu'il formule est donc déjà caractéristique de la science classique.

En revanche, la solution qu'il propose en est encore fort lointaine. Il explique que, puisque la lumière est une surface en déplacement, les corps ne peuvent faire obstacle à son mouvement qu'en raison de leur propre surface, et non de leur volume (*soliditas*) : le principe de similitude fait

---

44 *A.P.O.* GW, t. 2, p. 38.
45 *Ibid.* GW, t. 2, p. 39-40.

qu'une chose n'agit sur une autre qu'en fonction d'une *identité générique*; la nappe lumineuse, qui est bidimensionnelle, ne peut pâtir que de la superficie des corps, qui l'est également, et jamais de leur épaisseur (prop. X)[46]. C'est là la clef de son interprétation des phénomènes.

Il justifie d'abord grâce à elle la transparence. Un corps transparent ne possède aucune surface *interne* qui puisse s'opposer au passage de la lumière; c'est donc que les parties qui le constituent ne sont pas fixes, mais mobiles les unes par rapport aux autres : on reconnaît ici la défi-nition aristotélicienne de l'*humide*. On peut donc énoncer qu' « un corps transparent est un corps dont la consistance géométrique, c'est-à-dire le lieu qu'occupent ses parties internes, résulte de quelque flux » (prop. XI)[47].

[436] On peut déduire de là pourquoi se produit la réfraction. « La lumière est affectée par la surface de tous les corps qu'elle rencontre. Les choses de même genre sont en effet aptes à s'affecter mutuelle-ment ». C'est ce qui arrive quand elle aborde la superficie des corps transparents (prop. XII)[48]. Or ceux-ci sont plus ou moins « denses », et leur superficie l'est également; en effet, « la densité est une affection de la matière qui admet trois dimensions, dont deux conviennent à leurs surfaces. Donc celles-ci participent à leur manière à la densité des corps. Or on attribuait de même plus haut à la lumière une densité en quelque sorte superficielle. » (prop. XIII)[49]. Conclusion : « La lumière traverse plus difficilement les surfaces des corps denses, en tant qu'ils sont denses[50]. » Si celles-ci s'opposent ainsi au mouvement de la lumière, il faut comprendre selon quelle composante

> le mouvement de la lumière s'accomplit toujours par dispersion, puisque toujours d'une source en toutes directions. De même qu'une surface à cause de l'infinité de ses points résiste au mouvement, qui est dans les lignes; de même une surface dense résiste au mouvement de dispersion, puisque la densité et la dispersion sont sous le même genre (prop. XIV)[51].

Ce dernier trait est important car il permet de saisir la manière dont Kepler se représente la réfraction. Ce qui pour lui est essentiel,

---

46 [*Ibid.* GW, t. 2, p. 22. *NdE*]
47 [*Ibid.* GW, t. 2, p. 22. *NdE*]
48 [*Ibid.* GW, t. 2, p. 22. *NdE*]
49 [*Ibid.* GW, t. 2, p. 23. *NdE*]
50 [*Ibid.* GW, t. 2, p. 23. *NdE*]
51 [*Ibid.* GW, t. 2, p. 23. *NdE*]

c'est que l'obstacle empêche la dispersion en sphère de la lumière, et l'oblige en quelque sorte à se rassembler. Nous constaterons dans la suite de notre étude que c'est effectivement l'intuition qui dirige son analyse du phénomène.

[437] Mais une autre raison nous a poussés dans l'immédiat à citer abondamment ces textes : ils contribuent à faire comprendre ce qu'est pour le mathématicien impérial la rationalité physique. On peut d'abord relever leur résonance mécaniste. Comme un Descartes, comme souvent un Galilée[52], Kepler réduit ici le physique au géométrique. Chaque point de la surface lumineuse heurte un point de la surface réfringente, ou peut en heurter un : plus la matière est serrée, plus est pressé le grain de l'obstacle, plus est forte l'opposition rencontrée. Mais d'autre part, l'interprétation causale qu'il propose, malgré son géométrisme, obéit à des normes intellectuelles qui, elles, ne sont ni cartésiennes, ni galiléennes ; et il est clair qu'elle dévoile plus les structures de sa pensée que celle des corps qu'il étudie. Toute son explication repose sur deux catégories concrètes, permettant de faire jouer deux couples de concepts symétriques : la spatialité, avec l'opposition de la surface et du volume d'une part ; le remplissement, avec celle de la dispersion ou rareté (*tenuitas*) et de la condensation ou densité (*densitas*), d'autre part. Grâce à ces couples d'opposition peuvent être distingués des *genres* entre lesquels on peut répartir les objets physiques et expliquer pourquoi ils agissent les uns sur les autres en raison de leur similitude, ou restent mutuellement sans effet en vertu de leur dissemblance.

On retrouve donc à l'œuvre au niveau de l'analyse de la lumière et de sa propagation, le système catégoriel [438] dont nous avons déjà étudié la prévalence dans d'autres champs de la pensée de Kepler. La causalité elle-même obéit au principe de la similitude. Et quand, comme ici, un champ inédit d'objectivité se propose (personne auparavant n'avait étudié en tant que telle la nature de la lumière) il s'organise tout naturellement selon les normes qui chez lui déterminent la rationalité : une exigence causale dominée par l'existence d'un réseau reconnu de correspondances analogiques. Quand ce réseau n'existe pas, la première tâche est de

---

52 Nous songeons en particulier à l'analyse de la résistance des matériaux dans les *Discours sur deux sciences nouvelles*. [Voir par exemple le début de la « Première journée », EN 8, p. 51-52 ; trad. par Maurice Clavelin, Paris, A. Colin, 1970 = 2ᵉ éd. corrigée, Paris, PUF, 1995, p. 8-9. *NdE*.].

l'inventer. L'opposition fondamentale de la surface et du « solide », doué de volume, répond à ce besoin et permet d'instaurer des distinctions génériques opératoires. Car bien entendu, on pouvait imaginer d'autres modèles pour expliquer la réfraction : Descartes la compare au trajet d'une balle dont l'entrée est contrariée par l'existence d'une toile servant de ralentisseur... Il est caractéristique que les images cartésiennes ne fassent pas appel à ce principe de similitude dont au contraire Kepler s'attache scrupuleusement à ne pas enfreindre les exigences, même s'il doit payer ce respect de difficultés conceptuelles : il lui faut par exemple prêter à des surfaces sans épaisseur une « densité » dont la définition au sens strict ne peut s'appliquer qu'à des objets tridimensionnels. On voit ici encore combien même dans son œuvre scientifique la pensée du mathématicien impérial obéit aux normes analogiques qui prévalaient dans ses théories astrologiques et ses conceptions panpsychistes[53]. Ce sont [439] d'ailleurs les mêmes caractéristiques que l'on va retrouver à propos de la couleur : règne de la similitude et modèles inspirés de l'expérience sensible immédiate.

LES HÉSITATIONS SUR LA COULEUR

Jusqu'à Newton, le problème posé par la nature des couleurs est une des difficultés majeures de l'optique. La solution n'en était pas aisée : il fallait pour le résoudre non seulement des constatations expérimentales venant contredire une phénoménalité de première instance, mais aussi que s'instaurent des partages conceptuels entièrement différents de ceux qui prévalaient dans une physique qualitative. Quand dans les années 1680 Newton réussit à analyser et synthétiser la lumière blanche, et démontre qu'elle se compose de radiations diversement réfringentes provoquant chacune une sensation visuelle spécifique, il en finit avec la simplicité de la lumière, tenue pour une entité naturelle primordiale. Mais déjà

---

53 Une expérience personnelle illustre bien cette identité. La chronologie de notre lecture de Kepler est différente de l'ordre d'exposition que nous avons adopté ; nous avons commencé par étudier son optique, et non son astrologie ou sa métaphysique. C'est en analysant sa théorie de la lumière, et notamment ce qu'il y écrit de la transparence, des couleurs et de la chaleur qui lui est liée, que nous avons établi l'existence des schèmes catégoriels dont nous avons pu ensuite observer la pertinence dans tous les autres domaines, y compris astrologiques ou métaphysiques. [La thèse de Gérard Simon traite en effet des théories astrologiques de Kepler avant ses théories optiques. Voir *Kepler astronome astrologue*, première partie, « L'astrologie et les arcanes de la nature », *op. cit.*, p. 25-229. *NdE*].

il bénéficiait du fait qu'avant lui, on avait, oserait-on dire, détaché la couleur de l'objet ou du milieu, pour la transférer à la lumière ; il avait fallu pour y parvenir que de qualité des choses, elle devînt effet d'un certain mouvement transmis jusqu'à l'œil ; et donc, que l'impression psychique de couleur fût séparée de sa cause physique. Ce pas fut accompli par Descartes en 1637. Ce n'est pas encore tout ; car pour la pensée antique et médiévale dans son ensemble, la couleur est l'homologue de la lumière – l'un des deux visibles « per se ». Il a donc encore été nécessaire auparavant qu'on s'interroge sur sa nature non en tant que donnée visible, mais en tant qu'entité physique. C'est cette première remise en cause des partages médiévaux qui s'accomplit avec Kepler.

Son propos est aussi simple que son échec flagrant. Il veut contre Aristote expliquer ce qu'est la couleur comme chose parmi les choses ; c'est-à-dire indépendamment à la [440] fois du regard qui se dirige sur elle, et de l'éclairage qui la tire de l'obscurité :

> Le bon ordre de recherche est d'abord de considérer en elle-même la nature de la chose, et ensuite ce qu'elle peut sur les autres. Car autrement tout est confondu et obscurci. *C'est pourquoi la couleur existe réellement dans les choses mêmes, y compris quand elles ne sont pas éclairées et donc ni ne rayonnent ni ne se font voir.* Et loin que l'illumination du diaphane fasse que les couleurs le meuvent, c'est au contraire l'illumination des couleurs qui fait que le milieu est traversé et est dit par-là véritablement diaphane[54].

Contre l'idée aristotélicienne que le diaphane, quand il n'est pas éclairé, est coloré seulement en puissance, Kepler affirme donc sans hésiter la réalité physique de la couleur dans les objets et sa propagation effective à travers le milieu transparent sous l'action de la lumière.

Il continue pourtant à lier le concept de couleur à celui de transparence ou de translucidité. Il croit en effet typique la genèse des couleurs que l'on observe dans l'arc-en-ciel ou dans les pierres précieuses. Il prend ainsi ses modèles dans des corps translucides ; s'il se croit autorisé à le faire, c'est qu'il pense que le corps le plus opaque est encore translucide à quelque degré, et libère sa couleur sous l'action de la lumière qui le pénètre. Pour lui, la couleur a, en effet, une origine interne, même si elle ne se manifeste qu'à l'arrivée d'une lumière adventice. Elle est elle-même de la *lumière enfouie* dans la matière, [441] et n'en sortant pas

---

54 *A.P.O.* GW, t. 2, p. 40-41. Souligné par nous.

toute seule ; deux variables expliquent donc sa diversité : la quantité de lumière que le corps-réceptacle est capable de conserver en lui, et son degré de transparence ou d'opacité. Ce corps laisse ainsi échapper plus ou moins de sa lumière interne quand celle de l'extérieur vient se joindre à elle. Une telle représentation ne pouvait bien entendu mener Kepler qu'à la plus grande confusion.

Elle l'oblige d'abord à *réaliser* les qualités sensibles au lieu de les critiquer. Si la couleur est de la lumière plus ou moins forte en raison des deux variables ainsi retenues, alors elle se diversifie selon une échelle qui va des ténèbres complètes de la pure matière à la clarté totale de la pure lumière. Les deux pôles du spectre sont donc le noir et le blanc, entre lesquels se répartissent les autres couleurs, plus ou moins chargées de matière, ou plus ou moins riches de lumière. On reconnaît dans l'échelonnement des couleurs selon la graduation du noir au blanc la théorie d'Aristote, à laquelle Kepler ajoute ses propres valorisations qualitatives concernant l'opposition de la matière, froide, pondéreuse, sombre et inerte, et de la lumière, chaude, impondérable, claire, active et même principe de vie.

Il se rend bien compte que son essai d'explication n'est pas satisfaisant, et vient même contredire ses propres assomptions. Il ajoute note sur note pour préciser ce qu'il veut dire, et cela ne lui est guère facile : comment cette entité immatérielle qu'est la lumière, qui ne relève de la corporéité que par le caractère géométrique de sa diffusion, qui au surplus n'a que deux dimensions et donc pas d'épaisseur, [442] peut-elle se cacher dans la matière qui est son opposé ontologique (« son ennemie », dit-il un moment), et de plus y rester contenue ? Qu'est-ce que ce flux qui ne se diffuse plus, et qui s'enferme dans ce qui est d'un genre opposé au sien ? Et d'où vient qu'il sort du corps où il est prisonnier, sous l'effet d'une lumière adventice ? Loin de dissimuler ces difficultés, Kepler les reprend sans cesse et presque les rabâche :

> *Proposition XV* – La couleur est de la lumière en puissance, de la lumière enfouie dans de la matière transparente, si on la considère indépendamment de la vision ; et la disposition de la matière, selon ses divers degrés de rareté et de densité, ou de transparence et de ténèbres ; et de même les divers degrés de condensation de la lumière dans la matière, déterminent les différences de couleur[55].

---

55 [*Ibid.*, prop. XV. GW, t. 2, p. 23. *NdE*]

Mais que veut dire ici « en puissance » ? Kepler répugne partout ailleurs à utiliser ce mot, qui lui rappelle trop les définitions purement verbales qu'il reproche à Aristote. Il cherche donc à le préciser :

> Est en puissance, ce qui ne se communique pas, mais reste contenu dans les limites de son substrat, comme la lumière qui se cache dans les couleurs, tant que le Soleil ne les illumine pas[56].

L'exemple invoqué, c'est le moins qu'on puisse dire, ne fait guère avancer les choses ; tout au contraire, les difficultés s'accumulent. Comment la lumière peut-elle rester [443] ainsi sans se diffuser ? Ne faut-il pas croire qu'elle le fait toujours, serait-ce de manière à peine perceptible ? Il en vient à se demander si dans la nuit la plus profonde les couleurs ne rayonnent pas toujours quelque peu[57]. Et inversement, comment le noir, qui est ténèbres absolues, peut-il être de la lumière en puissance, capable de se laisser diffuser ? Il revient encore en deux notes successives sur la question, et patauge dans l'opposition des deux couples catégoriels du blanc et de la lumière d'une part, du noir et de la matière d'autre part :

> Cette définition selon le plus et le moins convient aux couleurs, mais fort peu au noir. Car celui-ci est le terme de toutes les couleurs et est aux couleurs ce que le point est à la ligne, – qui relève de la quantité sans en être une lui-même. De même le noir absolu est dépossédé de toute lumière en puissance et consiste en pures ténèbres matérielles. Et quand il rayonne dans la chambre obscure il ne peint pas la paroi de noir mais de cendré, et on ne le reconnaîtrait pas, s'il n'était entouré des espèces d'autres couleurs ; aussi est-ce presque en raison du manque de toute radiation qu'on le reconnaît dans la peinture de la paroi. Il reste toutefois (ce qui est admirable) que la matière a le pouvoir de faire projeter à la lumière son ennemie la couleur noir, c'est-à-dire de pures ténèbres rayonnant et se peignant elles-mêmes quelque peu sur la surface qu'elles rencontrent[58].

[444] On voit que Kepler se sent dans une impasse. Remarquons une fois de plus quelle formulation conceptuelle il donne au problème qu'il se pose : il se trouve devant un mélange de genres, c'est-à-dire devant des oppositions catégorielles abolies. Les ténèbres rayonnent comme de la lumière, la matière projette une clarté… La difficulté vient de ce démenti apporté aux classifications analogiques qu'il tient pour fondamentales.

---

56 *Ibid.*, prop. XV. GW, t. 2, p. 23.
57 *Ibid.*, prop. XV. GW, t. 2, p. 23.
58 Seconde note sur la proposition XV – *Ibid.* GW, t. 2, p. 367.

Sa théorie de la couleur lui permet d'inventer un peu plus loin, pour expliquer les aurores boréales et surtout les halos, une quatrième sorte de lumière, la communiquée – après la directe, la réfléchie et la réfractée de la tradition. C'est celle que fait naître la lumière solaire autour de la Lune, et qui lui permet de rayonner sa couleur tout autour d'elle. Il hésite pour en rendre compte entre une explication et une analogie : la lumière frappe la couleur en profondeur, et est reflétée et réfractée de partout, après s'en être teinte, comme par des surfaces ; à moins qu'on puisse comparer la luminosité des couleurs à la chaleur du gingembre qui, stimulée par l'arrivée de l'humeur, s'enflamme d'elle-même et commence à se communiquer[59]. Une nouvelle note – une de plus – montre combien Kepler est conscient de la précarité de son recours au concept de puissance comme de celle des explications plus mécanistes qu'il a avancées :

> Quelle est l'origine de cette quatrième espèce de lumière, la communiquée, où la lumière du Soleil arrivant d'un seul côté, devient celle de surfaces colorées, lisses ou rugueuses ; si bien que non seulement elle se diffuse sphériquement (alors qu'elle aurait dû seulement [445] se diffuser du côté opposé au Soleil si elle était restée simplement une lumière réfléchie) mais que même elle prend la couleur de ces surfaces ; j'ai donné deux explications à cette origine, dont je ne sais trop pourquoi aucune ne me satisfait vraiment. La première met en œuvre la réflexion, la réfraction, la transparence (qui se retrouve plus ou moins en tout corps), la pénétration de la lumière solaire ou diurne en profondeur, toutes choses qui pourtant ne semblent pas encore suffire. L'autre dit bien quelque chose, mais n'explique rien. C'est pourquoi de même qu'on ne s'explique pas comment la lumière et les ténèbres peuvent être enchaînées par les liens de la matière, de même il semble qu'on doive aussi chercher comment ils sont délivrés de la matière par une lumière adventice et enflammés comme de torche à torche : et si cela se fait d'après les principes jusqu'ici admis ou démontrés, ou bien s'il en faut encore d'autres. Nous posons donc le problème aux Opticiens et aux Philosophes[60].

À l'intérieur même des catégories concrètes-sensibles où se meut sa pensée, et parce qu'elles fournissent des normes définies de cohérence, Kepler est très sensible aux contradictions qu'implique sa théorie des couleurs. Son interrogation sur la nature physique de la lumière l'obligeait à s'interroger également sur la leur ; mais s'il pose le problème, il est

---

59   *Ibid.*, prop. XXII. GW, t. 2, p. 31.
60   *Ibid.*, note sur la prop. XXII. GW, t. 2, p. 367-368.

bien incapable de le résoudre. La valeur réaliste qu'il accorde aux qualités sensibles l'empêche de [446] distinguer nettement l'impression psychique de couleur et sa cause physique. De plus pour lui la lumière et la matière s'opposent l'une à l'autre comme deux pôles fondamentaux de la nature ; comment pourrait-il imaginer à la manière d'un Descartes un dispositif mécanique quelconque dans la surface immatérielle qui propage sa clarté vitale jusqu'aux confins de la Création ?

ACTIONS ET PASSIONS DE LA LUMIÈRE

Une fois qu'il a défini la transparence, la couleur et l'opacité[61], Kepler peut passer ensuite à ce qu'il appelle les *passions* de la lumière, observant ainsi l'opposition catégorielle majeure que nous avons analysée à propos du concept de *species*. En tant qu'elle se diffuse conformément à sa nature, qui est d'illuminer tout ce qui entoure sa source, la lumière agit ; elle pâtit quand elle est contrainte de changer de direction, ou de diminuer de clarté, c'est-à-dire de changer de couleur. Des propositions XVIII à XXXI, le mathématicien impérial traite successivement des modifications apportées ainsi par les obstacles qu'elle rencontre d'abord à son mouvement, ensuite à sa couleur, enfin simultanément à l'un et à l'autre. Il prépare de cette façon son étude ultérieure des images qui se forment dans la chambre noire, puis dans l'œil.

Il commence par rendre compte de la réflexion et de la réfraction. Il s'attache essentiellement à déduire [447] leur existence de ses propres assomptions : il ne veut pas se borner à constater le phénomène. Pour la première, il décompose le mouvement de la lumière en une composante parallèle et une composante perpendiculaire à la surface réfléchissante, inaugurant ainsi une méthode d'analyse qui jusqu'à lui n'avait jamais été aussi systématiquement employée en optique, ainsi que le relève Leibniz :

> Le premier de tous les auteurs qui nous soient parvenus, qui se soit occupé de la composition des mouvements, c'est Archimède, quand il traite des spirales. Le premier qui s'en soit servi pour expliquer l'égalité de l'angle d'incidence avec l'angle de réflexion, c'est Kepler, dans ses *Paralipomena Optica*, où il décompose le mouvement oblique en un mouvement perpendiculaire et un mouvement parallèle. C'est lui que Descartes a suivi à cet égard, aussi

---

61 *Prop. XVII* – « Est opaque ce qui est morcelé intérieurement par de multiples surfaces, ou ce qui est très dense, ou ce qui contient quantitativement ou qualitativement beaucoup de couleur ». *Ibid.* GW, t. 2, p. 24.

bien ici que dans sa *Dioptrique*. Mais c'est Galilée qui, le premier, a montré l'ample usage qu'on peut faire de la composition des mouvements en physique et en mécanique[62].

Le mathématicien impérial explique en effet la réflexion par des considérations dynamiques : la surface du corps fait obstacle à la propagation de la surface lumineuse ; mais le mouvement de celle-ci, en raison de sa violence, ne peut être aboli ; c'est pourquoi tout comme un projectile, elle rebondit du côté (*plaga*) d'où elle vient (prop. XVIII)[63]. Comme, de plus, seule est affectée la composante perpendiculaire à la surface réfléchissante, où le sens du mouvement s'inverse, et que la composante parallèle reste inchangée, [448] l'angle de réflexion est égal à l'angle d'incidence (prop. XIX)[64]. Le rayon émané de B atteint donc, au lieu de E, son symétrique A par rapport à la surface CF (fig. 1).

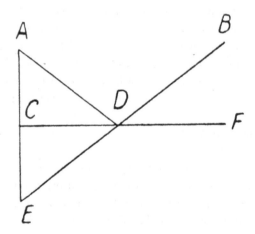

FIG. 1[65].

Pour la réfraction, l'idée de Kepler est qu'une surface qui s'oppose au mouvement de la lumière – c'est celle d'un milieu plus dense – le fait

62 Leibniz, *Animadversiones in partem generalem Principiorum Cartesianorum*, traduction Schrecker, in : *Opuscules philosophiques choisis*, Paris, Hatier-Boivin, 1954, p. 42.
63 [*A.P.O.* GW, t. 2, p. 25. *NdE*]
64 [*Ibid.* GW, t. 2, p. 25. *NdE*]
65 *Kepler Gesammelte Werke*, Munich, Beck, 1939, t. 2, p. 26.

en ce qu'il a de spécifique : or, comme il s'agit d'une diffusion sphérique à partir de la source, c'est un mouvement de dispersion (« *lux spargatur* »). L'obstacle empêche donc celle-ci de se poursuivre normalement, et aboutit à un resserrement du cône lumineux (fig. 2). Si le milieu rencontré était absolument dense, il n'y aurait plus aucune expansion, et tous les rayons, quelle que soit leur incidence, seraient réfractés à la perpendiculaire (selon BF). Si au contraire il était de même densité que le précédent, il ne se produirait aucun empêchement et ils poursuivraient leur route en ligne droite (vers D). Comme on est toujours dans un cas intermédiaire, le rayon réfracté suit une voie médiane, et se rapproche simplement de la normale, en BG (prop. XX)[66].

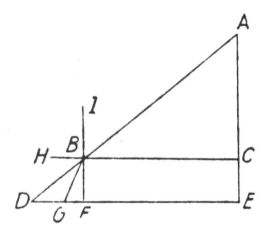

Fig. 2[67].

Kepler s'attache ensuite à montrer en quoi la lumière est affaiblie, colorée, divisée par des milieux qu'elle traverse. Puis il en vient à la proposition XXXII, où débute l'analyse de ses propriétés calorifiques : « La chaleur est le propre de la lumière[68]. » Nous avons longuement commenté dans notre chapitre V (section II, 1°)[69] les implications épisté-

66 [*Ibid.* GW, t. 2, p. 26-27. *NdE*]
67 *Kepler Gesammelte Werke*, Munich, Beck, 1939, t. 2, p. 26.
68 [*Ibid.* GW, t. 2, p. 34. *NdE*]
69 [L'auteur renvoie ici à sa thèse *Structures de pensée et objets du savoir chez Kepler*, chap. V, section II, 1°, « La matière de l'âme », *op. cit.*, t. 1, p. 285-301 = *Kepler astronome astrologue*, *op. cit.*, p. 195-204. *NdE*].

mologiques de son argumentation, que nous avons [449] intégralement traduite. C'est là que pour montrer que *seule* la lumière est chaude, il explique que la chaleur interne de la Terre ne peut être due qu'à la présence d'une faculté vitale prenant la forme d'une flamme visible, analogue à celle qui existe dans le cœur des êtres vivants, et que même les plantes doivent posséder un tel feu intérieur. Ainsi se crée chez lui une connexion essentielle entre lumière, chaleur et vie, dont nous avons dans notre chapitre VI étudié l'application à la théorie de la perception[70]. Nous tenons à rappeler la présence de ce texte dans un développement *optique* entièrement consacré à la nature de la lumière, et dont chaque proposition est destinée à préparer les démonstrations qui porteront sur les questions *techniques* abordées ultérieurement. Rien mieux que ce mélange d'idées qui paraissent justes ou fécondes, et d'assertions qui semblent presque délirantes, ne peut attester à quel point les partages conceptuels et donc les agencements catégoriels propres à la pensée de Kepler restaient fondamentalement différents de ceux de l'âge classique, et *a fortiori* de ceux de notre temps, y compris quand il faisait progresser ce que nous reconnaissons avec lui comme des sciences.

Il est vrai que l'on ne fait pas en général remonter les débuts de l'optique physique à Kepler, pas plus d'ailleurs qu'à Descartes. Rien de ce qu'il affirme sur la nature de la lumière ne se révèlera ultérieurement exact ; d'un strict point de vue positiviste, on a donc parfaitement raison. Mais peut-on s'en tenir à un strict point de vue positiviste ? Il [450] est le premier à avoir eu l'idée, ou si l'on veut à fixer le programme, d'une optique physique ; à avoir voulu consciemment la transformer de science de la vision en science de la lumière. C'est donc de lui que date la première rupture intellectuelle avec l'approche médiévale des questions, qui entraîna aussitôt, comme nous allons le montrer, des progrès techniques décisifs. Même s'il pratique ce qu'on peut appeler une physique barbare ou sauvage, dont les partages attestent une vision animiste du monde, il n'empêche qu'il en pratique une, et qu'il parvient, grâce à elle, à poser les problèmes sur un terrain qui sera celui de l'optique classique. Au nom de quoi faudrait-il éliminer de l'histoire des sciences l'étude de ces changements de terrain, qui permettent de telles migrations de problématiques ?

---

70 [Voir *Structures de pensée et objets du savoir chez Kepler*, chap. VI, « La perception des harmonies », *op. cit.*, t. 1, p. 316-385 = *Kepler astronome astrologue*, *op. cit.*, p. 212-229. N*d*E].

Son effort pour interpréter systématiquement les phénomènes à partir d'une théorie de la lumière le conduisent sans doute à des naïvetés ou même à des régressions. Il en arrive ainsi, en raison de la valeur réaliste qu'il accorde aux qualités sensibles, à substantifier les couleurs pratiquement telles qu'il les voit. Il n'empêche que la critique systématique qu'il fait du *De Anima*, dans l'appendice à son chapitre, ruine à jamais la description aristotélicienne de la sensation visuelle, qui a dominé toute l'optique médiévale. Son importance est en ce domaine comparable à celle des grands dialogues de Galilée pour la cosmologie ou la théorie du mouvement : les conceptions péripatéticiennes ne s'en remettront pas, et avec elles une ère s'achève. Car le mathématicien impérial a pour lui un atout décisif, et il le sait : c'est le dispositif expérimental de la chambre [451] noire, qui atteste sans démenti possible que la lumière n'est pas un changement qualitatif du milieu, mais un flux qui se propage en ligne droite :

> Je me demande ce que les Académiciens vont alléguer contre tout cela, et comment ils vont tenter de faire passer la gloire de leur maître avant la vérité (ce que lui-même n'a jamais demandé). Au reste, qui que tu sois, si tu as envie de te mesurer à moi, sache que tu ne seras pas digne de pénétrer sur le stade si tu n'es pas au préalable entré dans la Chambre que je décris maintenant dans mon chapitre II : c'est elle seulement qui a manqué à Aristote. Mais si toi tu la négliges, tu n'auras pas la même excuse que lui[71].

---

71 *A.P.O.* GW, t. 2, p. 46.

CHAMBRE NOIRE,
RÉFLEXION, RÉFRACTION

[453] Une fois qu'il a traité de la nature de la lumière, Kepler poursuit ses études d'optique dans l'ordre suivant : théorie de la chambre noire (chap. II) ; rectification de certaines erreurs de Vitellion concernant la localisation des images réfléchies et réfractées (chap. III) ; recherches sur les réfractions, et tentative de trouver une règle, même approchée pour les calculer (chap. IV) ; enfin explication du processus optique de la vision. Cet ordre n'est pas arbitraire. Chacun de ces chapitres a d'abord, par lui-même, un intérêt technique. La chambre noire était utilisée par les astronomes comme moyen d'observation, en particulier des éclipses ; et tant que la théorie n'en était pas faite, on ne comprenait pas pourquoi les mesures qu'on y effectuait différaient de celles qu'on obtenait par d'autres moyens. Les traités médiévaux se complaisaient à traiter géométriquement de la formation des images dans des miroirs de forme complexe, et ne parvenaient pas toujours à des localisations clairement justifiées. Enfin depuis que Tycho Brahe avait fait gagner près d'une décimale à la précision des observations, l'absence d'une loi permettant de rectifier l'erreur due à la réfraction atmosphérique compromettait la solidité et le caractère indiscutable de ses résultats. Tous les domaines de l'optique devaient donc être abordés et améliorés si on voulait l'élever à la hauteur des besoins et des techniques de l'astronomie.

Mais l'ordre suivi par Kepler répond aussi à une autre exigence. Son explication de la vision repose dans [454] son chapitre v sur l'assimilation de l'œil à un dispositif très précis : celui d'une chambre noire, comportant un diaphragme (la pupille), une lentille convexe (le cristallin), et un écran (la rétine) : il doit donc au préalable, pour justifier son analogie, avoir géométriquement étudié les propriétés optiques de chacun des objets qui composent son modèle. Il lui faut par conséquent traiter de la chambre noire, puis des réfractions en général, et plus particulièrement de celles qui se produisent pour de petites incidences dans un dioptre sphérique ; et si entre temps il aborde la question des réflexions, c'est que sa localisation des images réfractées repose sur une comparaison avec celles qui se forment par réflexion sur des miroirs paraboliques ou hyperboliques[1]. Toute la première partie de son livre constitue ainsi une préparation à l'explication de la vision.

De ce fait, l'ordre qu'il suit n'est en rien celui que lui lègue la tradition. Un renversement s'y effectue, qui est significatif. De préalable à l'étude de la formation des images réfléchies et réfractées, la vision en est devenue la conséquence. Alhazen, Vitellion traitent d'abord de la vision, et ensuite seulement de la réflexion dans les miroirs et de la réfraction dans le verre, l'air ou l'eau. Car pour bien comprendre le déplacement de l'image, sa fausse situation par rapport à la réalité de l'objet, il leur est nécessaire d'avoir d'abord une théorie complète de la vision – en fait, des conditions intellectuelles de la localisation des images. Au contraire, avec Kepler, expliquer la vision [455] n'est pas autre chose que démontrer comment se forme sur la rétine ce qu'il dénomme une peinture (*pictura*), ce que nous appelons une image réelle. Derrière la différence dans l'ordre d'exposition se cache donc une subtile réévaluation de la conception que l'on se fait de l'optique. De science qui permet de comprendre *ce que* l'on voit, elle devient avec Kepler la science qui permet de comprendre *pourquoi* l'on voit : la vision elle-même, qui était jusqu'alors sa condition préalable, devient son objet privilégié. Ce qui ne va pas sans interférer avec l'approche conceptuelle des anciens objets que jusqu'alors l'optique se donnait, – pour l'essentiel ces *images* dont on admettait d'emblée l'existence et dont on tentait d'expliquer l'interprétation. De là un paradoxe qui n'échappe pas à Kepler : la vision dépend de la formation d'une image spéciale, l'image rétinienne ; d'où vient que ce que *voit* la vue puisse être ce qui *fonde* la vue ? Que la conséquence soit aussi la condition ? Et qu'en résulte-t-il pour le concept même d'image ? Ces questions, qui pèsent déjà sur ce que nous étudions dans ce chapitre, ne pourront trouver leur plein développement que dans le suivant, où sera directement abordé le problème de la vision.

---

1   Le chapitre III est postérieur aux trois premières sections du chapitre IV, et représente un effort d'éclaircissement avant une nouvelle approche du problème de la réfraction. C'est donc une étude auxiliaire. *A.P.O.* IV, 3. GW, t. 2, p. 88.

LES FIGURATIONS LUMINEUSES
DE LA CHAMBRE NOIRE

[456]

La petitesse des chambres noires de nos appareils photographiques nous fait oublier ce qu'elles étaient à l'origine : des pièces de dimensions normales, rendues obscures par l'obturation soigneuse de toutes les issues, à l'exception d'une fente ou d'un étroit trou rond (la « fenêtre ») pratiqué dans un mur bien exposé au soleil ; l'observateur ou le spectateur s'installait à l'intérieur, et recueillait sur un écran mobile, quand ce n'était pas simplement sur la paroi opposée, les images formées par les rayons lumineux entrant par la petite ouverture qu'on avait eu soin de ménager. C'est du moins ainsi que la décrit J. B. Della Porta dans sa *Magie Naturelle* ; et le spectacle insolite de la reproduction inversée, dans une pièce obscure, de tout ce qui se passe en plein jour à l'extérieur, lui paraît un des divertissements les plus propres à frapper de stupeur et d'admiration les personnes qui ont le privilège d'y être conviées[2]. Ce dispositif reproduisait et perfectionnait un phénomène fortuit sur lequel les anciens déjà s'interrogeaient : les rayons solaires, passant à travers la fente d'un toit ou les feuilles d'un platane, engendraient toujours une tache ronde, quelle que soit la forme de l'ouverture par où ils pénétraient, et si l'astre était parfaitement voilé, c'était une figure semblable à la seule partie lumineuse qui se dessinait sur le sol.

En fait, à la fin du XVIᵉ siècle, les [457] chambres noires n'étaient plus seulement le lieu de ces curiosités ménagées par l'art ou la nature. Elles étaient fréquentées par des hommes austères et attentifs, munis de tout ce qu'il fallait pour mesurer au dixième de ligne près l'image qu'ils allaient recueillir, comme l'avait d'ailleurs déjà recommandé Porta. Car on en avait fait un dispositif d'observation des éclipses, et plus particulièrement de celles du Soleil, dont l'examen direct est dangereux pour la vue, et se prête difficilement à une appréciation quantitative exacte. Il était beaucoup plus commode de recueillir sur un écran l'image de l'astre et de la dessiner au moment de son amenuisement maximal ; on pouvait ensuite à loisir mesurer la proportion de la partie cachée et de celle qui était restée visible. Le procédé, d'abord naturellement utilisé

2 *Magia Naturalis*, livre XVII, chap. VI, *op. cit.*, p. 560-563.

pour le Soleil, avait en raison de sa précision été étendu aux éclipses de Lune, malgré des conditions d'éclairement plus défavorables.

Kepler n'ignorait rien de la chambre noire qu'utilisait déjà son maître Maestlin. Il attribue à Porta le mérite d'en avoir dévoilé le secret, sans savoir que déjà au XIIIᵉ siècle Roger Bacon en faisait mention[3] ; mais il lui reproche comme une lacune de ne pas en avoir donné la théorie. Car cette absence se faisait cruellement sentir : Tycho Brahe avait constaté, sans pouvoir en fournir une explication satisfaisante, que lors des éclipses de Soleil, les mesures effectuées dans la chambre noire donnaient des résultats inférieurs d'environ 1/5ᵉ à ceux qu'on obtenait [458] en vision directe – l'écran formé par l'ombre portée de la Lune semblant relativement au disque solaire nettement plus petit qu'il n'aurait dû être. Il en concluait que, bien que la Lune fût dans les deux cas à la même distance de la Terre, son diamètre apparaissait dans les conjonctions plus petit que dans les oppositions : affirmation que Kepler ne pouvait admettre, et qui le fit s'interroger sur les conditions d'une observation donnant un aussi étrange résultat.

Ses efforts mathématiques furent précédés d'un tâtonnement sans doute moins rigoureux, mais d'une grande ingéniosité. Il raconte lui-même qu'intrigué par le phénomène, et n'arrivant pas à le rendre par un dessin dans le plan, il construisit une sorte de modèle dans l'espace. Il représenta l'objet lumineux par un livre suspendu au plafond, la fente par un trou dans une table, irrégulier et comportant plusieurs angles, l'écran par le plancher. En joignant au plancher l'un des angles du livre par des fils tendus à travers le trou et tangents à chacun de ses angles, il obtenait sur le plancher une figure semblable à celle du trou. Le fait se reproduisait quel que fût le coin du livre dont il partait, ou le point de son périmètre. Mais l'ensemble de ces formes semblables au trou se recouvrait partiellement, et finissait par reproduire une figure rectangulaire – donc celle du livre. Il en avait ainsi conclu que ce n'était pas la tendance à la circularité des rayons lumineux, comme l'affirmaient les Anciens, qui arrondissait la tache produite par le soleil perçant [459] à travers des feuilles, mais bel et bien la forme de la source lumineuse elle-même.

De là sa démonstration géométrique, d'une grande élégance dans sa conception d'ensemble. Il procède en trois temps :

---

3   *A.P.O.*, chap. II. GW, t. 2, p. 57. Sur l'histoire de la chambre noire, *cf.* Hoppe, *Geschichte der Optik*, Leipzig, [J. J. Weber,] 1926, p. 20.

– Premier cas théorique. Une source rigoureusement ponctuelle, la fenêtre étant de dimensions non négligeables : le cône lumineux projette alors sur l'écran une image droite de la fenêtre. (fig. 3)

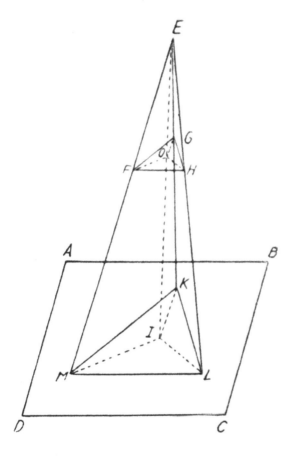

FIG. 3[4].

– Deuxième cas théorique. Une source lumineuse d'une surface appréciable, la fenêtre cette fois étant ponctuelle : on obtient une image inversée de la source, par croisement des rayons au niveau du trou. (fig. 4)

---

4   *Kepler Gesammelte Werke*, Munich, Beck, 1939, t. 2, p. 49.

FIG. 4[5].

— Troisième cas, qui lui est le seul réel. Ni la surface de la source, ni celle de la fenêtre ne sont négligeables. Une série de démonstrations aboutit à distinguer les trois phases suivantes :

  — Si le rapport des largeurs de la source et de la fenêtre est le même que celui de leurs distances à la paroi où se forme l'image, celle-ci participe de la figure de l'une et de l'autre, et c'est alors qu'elle est la plus confuse.
  — Si par rapport à leurs distances respectives à la paroi, la fenêtre est plus large que la source, c'est son image qui l'emporte, et elle est droite. [460]
  — Si au contraire c'est la source qui est relativement plus large que la fenêtre, son image domine, elle est inversée, et elle domine d'autant plus que la source est relativement plus large.

5   *Kepler Gesammelte Werke*, Munich, Beck, 1939, t. 2, p. 51.

De là découle ce qu'on observe en pratique dans la chambre noire : quand on place l'écran tout près de la fenêtre, on obtient d'abord une image droite et ressemblante de la fenêtre ; en l'éloignant, celle-ci devient floue, puis on commence à distinguer une image inversée de la source, qui se précise à mesure qu'on éloigne l'écran, sans jamais devenir absolument parfaite. Dans le cas du croissant qui se forme lors d'une éclipse partielle du Soleil par exemple, les cornes sont toujours émoussées, et la partie lumineuse, en raison de la largeur non négligeable de la fenêtre, paraît par rapport à l'ensemble du disque plus large sur l'image qu'elle ne l'est en réalité. De là la différence dans les mesures remarquée par Tycho Brahe, et ses fabulations : le diamètre de la Lune est sous-estimé par rapport à celui du Soleil.

Ce chapitre est très bref, et les résultats auxquels il aboutit portent sur une technique d'observation très vite déclassée, puisqu'on va cesser quelques années plus tard de regarder les astres à l'œil nu. Pourtant, on ne saurait sous-estimer son importance épistémologique. Kepler analyse ici un dispositif qui va servir de base et de modèle aux recherches en optique. Jusqu'alors, la plupart des interrogations portaient sur des phénomènes se produisant en situation « naturelle » : arcs-en-ciel, halos, éblouissements, ou [461] rayons perçant des nuages, des feuillages, des toitures ; désormais l'on va chercher à reconstituer les conditions d'observation que l'on rencontre dans la chambre noire, à obtenir des pinceaux de rayons lumineux à l'aide d'un diaphragme, à les recueillir sur un écran. Kepler lui-même ajoute au dispositif un dioptre sphérique. Dès 1619, dans son *Oculus*, Scheiner multiplie systématiquement les expériences en chambre obscure pour démontrer le rôle de chacune des tuniques de l'œil ; plus tard il y constate visuellement la formation d'une image sur la rétine d'un œil énucléé, prenant ainsi directement la suite du mathématicien impérial[6]. À la fin du siècle, les observations de Newton, telles qu'il les relate dans son *Optique*, s'y font également, en particulier celles qui concernent la décomposition et la synthèse de la lumière blanche. L'astronomie lègue donc ici à l'optique un outil de recherche capital, et c'est à Kepler qu'on en doit l'analyse.

Lui-même s'est-il rendu compte de son importance ? Sans aucun doute, car il estime qu'elle règle la question si longtemps controversée de l'émission par l'œil d'un rayon visuel, ou de sa réception d'un rayon

---

6   *Cf.* ci-dessous, p. [564-565] = p. 157-158.

lumineux. Il a déjà indiqué dans l'Appendice de son premier chapitre qu'aucun Péripatéticien n'était digne de lutter avec lui sur la nature de la lumière, s'il n'avait au préalable pénétré à sa suite dans la chambre noire[7]. Il y revient encore à la fin de son chapitre V, et il couvre d'éloges Porta pour avoir, le premier, saisi, en le comparant sans hésiter à l'organe [462] de la vision, la signification théorique du dispositif dont il le croit l'inventeur. C'est en poussant ce parallèle qu'il va lui-même découvrir la fonction du cristallin et la formation de l'image rétinienne. Il n'a donc en rien sous-estimé la portée empirique de son objet d'étude.

Peut-être comprend-on mieux, ainsi, comment s'est réalisé en physique le passage de l'observation à l'expérimentation. Kepler ne crée pas le dispositif technique dont il se sert ; il le rencontre déjà élaboré pour d'autres fins. Mais il le reconnaît comme un moyen d'observation privilégié, et il en fait un instrument d'analyse déjà complexe, puisque quand ensuite il place devant l'ouverture un dioptre sphérique, il élabore les premiers concepts fondamentaux de l'optique classique[8]. Le cas n'est pas isolé ; les cordes vibrantes pour l'acoustique, les fontaines pour l'hydrostatique, ont joué un rôle comparable un peu plus tard chez Mersenne ou chez Torricelli. Au lieu de prendre note des phénomènes tels qu'ils se produisent dans la nature, on a relevé ceux qui se passaient dans les dispositifs créés artificiellement par l'homme à des fins pratiques ; la démarche semblait dans sa forme immémoriale, et pourtant elle était dans son contenu profondément transformée, puisque l'observation ainsi poursuivie était en quelque sorte préparée, comportait des données dont on était maître, se prêtait à des variations significatives, et réalisait par là les conditions d'un style d'analyse tout à fait inédit. Entre l'expérimentation imaginée de toute pièce pour vérifier une hypothèse, et la pure et simple constatation, si pauvre épistémologiquement, il a existé un moyen terme fourni par les techniques [463] et leur progrès : l'artifice est devenu peu à peu, au même titre que la nature, source d'expérience, et donc source de théorie, grâce aux dispositifs qui déjà y rationalisaient préalablement le donné. L'élaboration de la méthode expérimentale au cours du XVIIe siècle nous paraît à juste titre une innovation capitale ; il s'en faut pourtant qu'elle rompe complètement et d'un seul coup avec les attitudes antérieures. Un Kepler n'obéit nullement à un *protocole* expérimental, il en est même

---

7   *Cf.* ci-dessus, p. [451] = p. 79.
8   *Cf.* ci-dessous, p. [527-535] = p. 131-138.

encore fort loin quand en astrologie il invoque ses relevés systématiques
des dérèglements du temps pour justifier sa liste des aspects ; pourtant
déjà, il sait ne pas rater en optique l'occasion qui lui est offerte quand
il rencontre un véritable *dispositif* expérimental, pas plus qu'en astronomie il ne laisse passer la chance que lui livrent les mesures savantes de
Tycho Brahe. L'expérience quotidienne des hommes continuait encore
à donner matière à leur effort d'observation quand la technique faisait
que déjà, sans toujours s'en rendre compte, on *instrumentait* sur la nature.

LA LOCALISATION DES IMAGES   [464]

Quand les théoriciens de l'Optique traitent de la localisation de
l'image réfléchie ou réfractée, une vieille erreur d'Euclide vient encore
obscurcir ou entacher leurs raisonnements. Le géomètre grec pensait
qu'on voyait toujours l'image réfléchie dans le prolongement de la
normale abaissée de l'objet sur la surface du miroir, qu'il fût plan ou
sphérique ; et même il croyait à tort que si le long de cette normale, ou
à son pied, on interposait un écran, l'image ne se formerait plus. Ce
n'est vrai, relève Kepler, que dans un cas très particulier : celui où l'œil
se trouve soit presque derrière l'objet, soit en son voisinage immédiat ;
car en ce cas, le rayon réfléchi se confond pratiquement avec le rayon
incident. Mais on a tort de généraliser de la vision perpendiculaire à la
vision oblique. Il s'étonne donc qu'un auteur qui entend tirer ses axiomes
des phénomènes se laisse aller à une telle méprise expérimentale ; cette
« persuasion fausse d'une vraie et réelle ascension de l'image » a le même
relent, estime-t-il, que celle qui explique la vision par une émission à
partir de l'œil. On part d'une assertion inexacte, et comme s'il s'agissait
d'un axiome indiscutable, on en déduit avec impavidité les conséquences.
Sans doute ni Alhazen, ni Vitellion, ne reprennent à leur compte
un présupposé si aisément démenti par l'expérience quand il s'agit des
miroirs plans ; mais ils en restent les victimes, dans la mesure où ils
tiennent pour acquise sans tenter de la fonder vraiment, la localisation
de l'image dans le prolongement de la perpendiculaire abaissée [465]
de l'objet sur le miroir. Au lieu de raisonner à partir du seul processus

réel – le trajet effectivement parcouru par le rayon de l'objet au point d'incidence, puis du point d'incidence jusqu'à l'œil, – ils substituent à la rigueur de cette démarche des considérations de convenance sur le lieu de l'image qui ne font en fait que révéler leur embarras. Ce ne serait pas encore trop grave si cela n'avait pour effet que de rendre obscurs certains de leurs raisonnements, mais il arrive parfois qu'ils soient ainsi directement conduits à l'erreur.

C'est pourquoi Kepler reprend « dès le principe » l'étude de la formation de l'image et de sa localisation. Et il estime nécessaire de faire le détour – en anticipant sur les résultats qu'il va exposer au chapitre V – par la théorie de la vision. Le tort des spécialistes est en effet d'oublier dans leurs démonstrations géométriques ce qu'ils affirment dans leurs raisonnements physiques : l'image n'est rien d'autre que ce que l'on *voit*, elle n'a pas par elle-même une existence indépendante de *chose*. Mieux même, dans la mesure où elle instaure une méprise essentielle, puisqu'on peut se laisser duper par elle en la confondant avec la chose dont elle est image, elle est fondamentalement de l'ordre de l'illusion – ce que savent bien tous ceux qui en ont traité :

> Les Opticiens parlent en effet d'image, quand on voit la chose même, avec ses couleurs et l'agencement de ses parties, mais en un autre lieu, et parfois avec un changement de grandeur et une modification des proportions internes.
>
> En bref, l'image est la vision de quelque chose, liée à une erreur des facultés qui concourent à la vision. L'image donc par elle-même n'est rien ou presque ; on doit [466] plutôt l'appeler imagination. Elle est un composé d'espèces réelles de couleur ou de lumière, et de quantités intentionnelles. Comme donc l'image est l'œuvre de la vision, il nous faut au préalable énoncer quelques propositions concernant cette dernière[9].

Le caractère très psychologiste de la définition donnée ici de l'image, l'hésitation sur sa valeur ontologique de quasi-chose ou de quasi-rien, ne doivent pas masquer la rigueur du raisonnement de Kepler. Sans doute, si l'on s'en tient à sa formulation, reste-t-il dans le droit fil des conceptions de ses prédécesseurs : tous pensaient que seules la lumière et la couleur étaient à proprement parler des « visibles », et que les autres propriétés distinctives reconnues à l'objet – sa distance, sa grandeur, sa forme, etc. – étaient des données intentionnelles résultant d'un jugement.

---

9   *A.P.O.*, III, 2. GW, t. 2, p. 64.

Aussi l'image produite dans un miroir ou un milieu réfringent, parce qu'elle suscite une méprise sur la disposition et la forme véritable de l'objet, était-elle rangée au nombre des illusions ou des erreurs. Mais le mathématicien impérial sait désormais que la vision n'est possible que s'il se forme sur la rétine une sorte de réplique du monde extérieur. L'œil devient donc lui-même un *dispositif optique* qui subit des variations selon les conditions de formation de cette réplique. Il est par conséquent insuffisant d'attribuer l'illusion provoquée par les images réfléchies ou réfractées seulement à une méprise de nos facultés intellectuelles, chargées de juger du visible ; il faut au contraire remonter aux sensations internes provoquées par les modifications qui affectent les yeux lorsqu'ils accomplissent leur fonction propre. La saisie [467] de la direction, de la forme, de la grandeur, de la distance des choses va donc résulter de perceptions dépendant directement des réactions des organes visuels.

Trois points de l'analyse de Kepler sont essentiels pour la suite : « La vision est une passion, et la passion se fait par contact [...][10]. » : il faut pour être perçues que les espèces ou les rayons provenant des choses aillent toucher les surfaces internes de l'œil. Celui-ci ne peut donc saisir les déviations produites en dehors de lui par un miroir ou un milieu réfringent, et situe toujours l'objet dans la direction d'où il reçoit les rayons (prop. I, II, et III)[11]. Principe capital, qui va être un des fondements de l'optique classique.

De plus, la convergence binoculaire permet, par une triangulation dont l'objet est le sommet, et l'intervalle entre les deux yeux la base, d'évaluer la distance de ce que l'on voit (prop. VIII)[12]. Mais on peut aussi considérer que ce repérage trigonométrique peut être assuré par un seul œil, à condition de prendre pour base le diamètre de la pupille, et comme côtés les rayons qui partant des extrémités de ce diamètre se rejoignent sur l'objet. Kepler dénomme ce triangle « triangle distanciométrique », *triangulum distantiae mensorium* (prop. IX)[13]. Il a devant lui un bel avenir : ce n'est autre que le procédé classique à l'aide duquel on construira plus tard tous les points-images. Or le mathématicien impérial estime l'œil capable grâce à ses sensations internes d'en repérer les données.

---

10 [*Ibid.*, prop. I. GW, t. 2, p. 65. *NdE*]
11 [*Ibid.* GW, t. 2, p. 65. *NdE*]
12 [*Ibid.* GW, t. 2, p. 66. *NdE*]
13 [*Ibid.* GW, t. 2, p. 67. *NdE*]

Enfin, toute chose occupe une portion déterminée de l'hémisphère visible ; la comparaison de la portion [468] qu'elle occupe avec sa distance permet de déterminer sa grandeur (prop. VII et XV)[14]. On retrouve ici la vieille idée de ce qu'on appelait l'angle visuel, et son utilisation dans l'explication de la perception.

Nous reviendrons plus en détail au chapitre suivant sur la théorie de la vision énoncée ici par Kepler, dans sa nouveauté comme dans ses équivoques. Nous ne retenons maintenant que ce qui permet de cerner la logique qui anime la réfutation qu'il apporte à certaines des localisations traditionnellement conférées aux images réfléchies ou réfractées. De cette réfutation, nous ne donnons d'ailleurs que le principe, en schématisant au maximum ses raisonnements, ses contre-exemples, et même ses figures.

Kepler rappelle d'abord que les plans de réflexion et de réfraction doivent être perpendiculaires à la surface réfléchissante ou réfringente (prop. XVI)[15].

S'il en est ainsi, prenons le cas ordinaire de la vision binoculaire. Soit (S) une surface réfléchissante, O le point lumineux : de O partent deux rayons incidents OE et OF, qui se réfléchissent en E et F jusqu'à chacun des deux yeux A et B ; les plans [469] de réflexion OEA et OFB sont tous deux perpendiculaires à la surface réfringente ; l'image I est donc nécessairement à l'intersection de ces deux plans, c'est-à-dire sur la perpendiculaire menée de l'objet O à la surface (S). (Notre fig. 5).

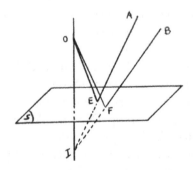

Fig. 5[16].

---

14 [*Ibid.* GW, t. 2, p. 66, 70. *NdE*]
15 [*Ibid.* GW, t. 2, p. 70. *NdE*]
16 Schéma de Gérard Simon.

Il en va évidemment de même pour la réfraction. C'est pourquoi l'image réfléchie ou réfractée se forme d'habitude dans le prolongement de la normale menée de l'objet à la surface réfléchissante ou réfringente. Mais cette démonstration implique deux types d'exceptions.

Il peut arriver tout d'abord que les plans de réflexion ou de réfraction correspondant à chacun des deux yeux soient confondus au lieu d'être distincts – que donc O, A et B soient dans un même plan. Ceci n'est sans doute pas fréquent ; mais cela se produit quand, au lieu de regarder droit devant soi, on regarde de biais. Soit par exemple, le cas d'un miroir sphérique de surface (S). Si les yeux sont en A et B, et si OEA et OFB sont dans un même plan, alors l'image est vue en I, en dehors de la perpendiculaire OH et plus près qu'elle. (prop. XVIII). (fig. 6)

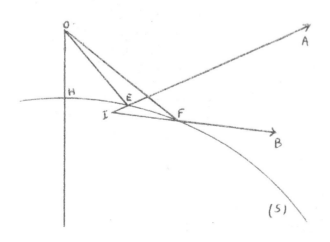

Fig. 6[17].

[470] De même, dans le cas de la réfraction, supposons les yeux en A et en B et AEO, BFO dans le même plan ; si la réfraction en E et F était identique, I et O se trouveraient sur un cercle ; donc I ne serait pas situé sur la perpendiculaire menée de O sur la ligne EF, mais plus près des deux yeux. (fig. 7).

---

17   Schéma de Gérard Simon.

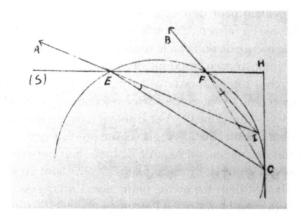

FIG. 7[18].

Comme en fait la réfraction est plus forte en E qu'en F, l'image I se trouve *a fortiori* plus éloignée de OH que sur la figure.

Le second type d'exception résulte de la forme particulière de la surface réfléchissante, même dans le cas ordinaire de la vision binoculaire.

Considérons la figure 8. Le plan de la figure est le plan de réflexion correspondant à l'un des deux yeux. La courbe (S) est la section par ce plan d'un miroir parabolique, A l'œil, E le point d'incidence, O l'objet. Il faut [471] bien entendu imaginer le même schéma pour l'autre œil.

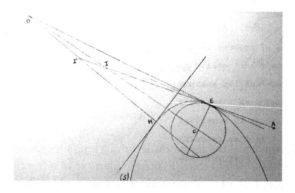

FIG. 8[19].

---

18   Schéma de Gérard Simon.
19   Schéma de Gérard Simon.

D'après Alhazen ou Vitellion, on devrait voir l'image en I', à l'intersection de AE et de la perpendiculaire OH menée de O sur (S). Mais l'important est la grandeur de l'angle de réflexion OEA, qui dépend de la forme de la courbe en E. Si on assimile celle-ci à celle d'un cercle tangent de centre C, il est clair que l'image se forme non en I', mais à l'intersection I de AE et de OC.

Laissons conclure Kepler :

> Les Opticiens croyaient que l'image luttait pour parvenir en droite ligne à la surface. C'est pourquoi même dans les miroirs en forme de sections coniques (Alhazen, livre V ; Vitellion, livre VII), ils recommandent de tirer la perpendiculaire de l'objet à la surface du miroir. Ce qui est complètement faux. Pour localiser l'image, il n'est nullement utile de prendre en considération la surface que le miroir oppose à l'objet, puisque toutes les raisons de la formation de l'image sont liées à la partie du miroir où se trouvent les deux points de réflexion des rayons vers les deux yeux. C'est dans cette partie du miroir, et non dans la perpendiculaire menée de l'objet, que se trouve la cause éventuelle de la localisation de l'image sur cette perpendiculaire[20].

Kepler donne lui-même la clef épistémologique de sa réfutation quand il évoque ainsi la *cause* de la localisation [472] de l'image. Dès le début de son chapitre, il énonce à la fois l'axe de sa critique et la ligne qu'il entend suivre :

> Dans les fondements mêmes de la Catoptrique les démonstrations des Opticiens restent aujourd'hui obscures, car elles demandent à l'expérience sensible ce qui devait faire également l'objet d'une démonstration. Ce n'est pas sans que s'ensuivent quelques erreurs[21].

Il faut d'abord s'entendre sur ce que c'est en optique que démontrer. On ne peut tenir pour une démonstration un argument d'autorité ou une pétition de principe. Or, c'est justement ce à quoi se laisse entraîner Alhazen :

> Il commence par prouver avec prolixité par l'expérience que l'image se trouve toujours sur la perpendiculaire menée de l'objet à la surface du miroir. Puis il cherche à en rendre raison dans les propositions 9 et 10. Mais je n'en tire rien de plus que cet argument ultime : « le statut des choses naturelles, dit-il, respecte la disposition de leurs principes, et les principes des choses

---

20 *Ibid.*, prop. XX. GW, t. 2, p. 76-77.
21 *Ibid.* GW, t. 2, p. 61.

naturelles sont occultes ». Ces mots contiennent une double affirmation : d'abord il répète exactement ce qu'il a au préalable énoncé (aucune différence de sens entre les deux) ; ensuite, au moment de maîtriser la cause, il dit qu'elle est occulte. Ce n'est vraiment pas là démontrer[22].

Kepler discerne au mieux dans le raisonnement d'Alhazen un point de vue finaliste, amplifié par Vitellion, qui n'a rien à faire avec la nature de l'objet dont il traite :

> [473] Il semble par là affirmer abusivement que cette localisation de l'image sur la perpendiculaire a ainsi jadis été instaurée par Dieu parce que c'était la meilleure, et qu'il ne pouvait lui attribuer un lieu plus digne ; ce qu'il prouve par le fait que le site reste le même, ou varie en sens opposé sur une même droite. Vitellion à sa suite fait même, à propos de l'âme qui préside à la vision, des conjectures revenant à lui faire instaurer de son propre chef les lois qui concernent les miroirs. Mais toutes ces affections frappent la vue par une nécessité matérielle, où il n'y a lieu à aucune considération de fin ou de beauté[23].

On peut s'étonner de voir le mathématicien impérial, qui perçoit dans la forme même du monde un symbole de Dieu, qui confère à ses proportions une signification pythagoricienne, qui cherche à déchiffrer les Harmonies, reprocher aussi nettement à ses prédécesseurs la voie de la finalité pour rationaliser les données de la physique. Et ici en effet, son exigence d'explication matérielle peut nous éclairer sur la conception qu'il se fait du savoir et de ses objets.

Ses exigences nouvelles de rationalité se dessinent sur le fond du schéma aristotélicien des quatre causes. Quand on traite de la *forme* du monde, alors des considérations harmoniques peuvent et doivent entrer en jeu : la créature en sa forme a pour archétype le créateur en son essence. Mais quand on passe à des *interactions corporelles,* on entre dans le domaine des causes efficientes et matérielles : il n'est plus alors licite d'avoir recours à des explications [474] de type finaliste. Ce mélange des genres non seulement masque les difficultés, mais peut conduire à des erreurs. Il ne faut donc pas se reposer mollement sur le doux édredon providentialiste ; il convient au contraire de rechercher ce qu'est le processus causal dans son exactitude. Sans doute Kepler n'est-il pas mécaniste, puisque, nous l'avons

---

22   *Ibid.* GW, t. 2, p. 63.
23   *Ibid.* GW, t. 2, p. 63.

vu, parmi les causes naturelles, il peut s'en trouver qui soient psychiques, et non exclusivement matérielles ; mais dans tous les cas, il estime nécessaire de démontrer le mécanisme ou d'exposer les relations qui, rendant compte des données de l'expérience, correspondent à la *nature des choses*. Son idéal est celui d'une rationalité complète, englobant causes finales et causes efficientes ; son originalité – comparable à celle de Leibniz – est de combiner les deux explications, en montrant leur nécessité chacune *dans leur ordre* : on ne peut expliquer un processus matériel par la finalité, ni une coïncidence significative par le jeu des hasards matériels. C'est donc cette transgression, ce saut d'un ordre à un autre, qu'il reproche à Vitellion.

Par là s'éclaire le rôle *physique* qu'il attache aux archétypes, aux modèles de réalités comme la lumière. Sans y prendre garde, Alhazen et Vitellion sont restés sur certains points des éclectiques. Ils se sont contentés de suivre leurs devanciers, sans parfois faire le lien entre leur idée tout à fait juste d'une réception par l'œil des rayons lumineux et les démonstrations géométriques nécessaires à la compréhension véritable des phénomènes. Ils n'ont pas été conséquents avec eux-mêmes : ils n'ont pas assez tenu compte, pour expliquer les données de l'expérience, des présupposés sur la nature de la lumière rendus nécessaires par leur conception de la vision.

[475] Or si l'expérience de la chambre noire confirme pleinement cette conception, la théorie que vient d'en donner Kepler est impérative. Elle oblige à considérer la lumière comme une émission : un flux émané d'une source, se répercutant sur des objets lumineux auxquels il emprunte sa couleur, et pénétrant enfin par une fente jusqu'à l'écran où il peint leur image – image renversée parce que les rayons sont rectilignes. Il faut donc s'en tenir à la seule considération des rayons lumineux et du trajet, brisé ou non, qu'ils suivent jusqu'à ce qu'ils pénètrent par le trou de la pupille jusqu'au fond de l'œil. Tout le reste est approximation, et approximation dangereuse : l'étude géométrique abstraite risque toujours d'être inexacte si on oublie la réalité qu'elle recouvre : le cheminement de cette chose qu'est la lumière, dont elle peut et doit être déduite. À elle seule l'expérience sensible ne permet pas de rendre raison des phénomènes. Il faut remonter à leurs *causes effectives*, qui seules les expliquent. Sans donc *un modèle physique a priori* pour débrouiller l'écheveau de l'expérience, on risque de mêler le faux avec le vrai.

Le mystère de la Création n'a rien d'occulte pour qui sait le déchiffrer : non seulement son ordre cosmologique, mais le détail des processus corporels qui s'y produisent sont justiciables d'une rationalité à respecter, et qui est *sui generis*. Le physicien ne doit pas se payer de mots, mais – *ubi materia, ibi geometria*[24] – élaborer les modèles *géométriques* qui permettent de rendre compte des données de l'expérience. L'idée d'un Dieu créateur impose de postuler que le monde est construit rationnellement : non [476] seulement dans son plan d'ensemble, mais en chacun de ses détails. De là deux conséquences méthodologiques : d'abord la volonté d'élaborer aussi adéquatement que possible les modèles physiques *vrais*, ceux qui expliquent comment s'accomplissent effectivement les processus naturels ; en second lieu – et c'est un corollaire – le respect scrupuleux des données quantitatives fournies par l'observation, l'expérimentation et plus généralement la mesure. Car seules elles attestent la validité du modèle retenu – un modèle donnant des résultats approximatifs ayant sans doute une valeur calculatoire, mais ne permettant pas d'atteindre ce qui est essentiel, la *vérité physique* du processus étudié.

Ces traits vont se confirmer et apparaître avec plus de netteté encore en astronomie[25]. Mais déjà, l'optique confirme ce que l'astrologie laissait entrevoir : on ne peut séparer chez Kepler le cosmologue métaphysicien du physicien mathématicien. Le modèle laborieusement élaboré de la lumière, flux sans matière se propageant instantanément en droite ligne dans toutes les directions de l'espace tant qu'aucun obstacle ne brise ses rayons, ne sert pas seulement à en imaginer la nature et à en décrire globalement les propriétés ; il est aussi un instrument de recherche véritablement opératoire pour en découvrir les lois de propagation et pour en calculer les effets. Vitellion n'explique rien, parce que sa localisation de l'image s'appuie sur une fiction mathématique – la perpendiculaire menée de l'objet à la surface du miroir ou du milieu réfringent – au lieu de se fonder sur une réalité physique, le trajet effectivement suivi [477] par les rayons depuis leur source jusqu'à l'œil. En optique comme dans les autres domaines, le calculateur ne doit pas se contenter de sauver les phénomènes, en laissant au seul philosophe le soin de découvrir les causes. La recherche de la vérité impose de déterminer par leurs causes les effets quantitatifs, à charge de contrôler par eux les hypothèses causales.

Malgré leur échec partiel, les recherches sur les réfractions confirment ce parti-pris keplérien.

---

24   [Kepler, *De fundamentis astrologiæ certioribus*, thesis XX. GW, t. 4, p. 15. N*d*E]
25   Koyré les rencontre également dans sa *Révolution astronomique*, *op. cit.*, p. 176.

L'ÉTUDE DES RÉFRACTIONS   [478]

UN PROBLÈME D'OPTIQUE POSÉ
PAR LES PROGRÈS TECHNIQUES DE L'ASTRONOMIE

Kepler évoque lui-même les faits nouveaux et les discussions d'où naît à la fin du XVIᵉ siècle le regain d'intérêt pour l'étude des réfractions. Il n'est pas lié à l'usage de verres corrigeant la myopie ou la presbytie, qui sont connus depuis déjà plus de trois cents ans. Il n'est pas dû non plus, contrairement à un anachronisme si peu critiqué qu'il s'est presque transformé en dogme, à l'invention de la lunette d'approche, qui ne va retenir l'attention des spécialistes de l'optique qu'après son perfectionnement et son utilisation par Galilée en 1610, avec les étonnantes découvertes qui s'ensuivirent. Pourtant, ce furent bien les progrès des techniques d'observation astronomiques qui provoquèrent l'ébranlement décisif – mais des techniques d'observation *à l'œil nu*. Et tout tourna autour de la réfraction atmosphérique, et non de celle que provoque le verre.

On sait que grâce aux instruments qu'il sut faire construire et à ses talents d'observateur, Tycho Brahe fit passer l'approximation de ses mesures de plus de 10' à 2' d'arc. Dans ces conditions, la réfraction atmosphérique devenait un phénomène qu'il ne pouvait plus négliger – il s'en rendit compte d'abord en prenant les hauteurs du Soleil. Soupçonnée par les anciens, mentionnée par Vitellion, elle devenait désormais un des éléments capitaux de la précision d'observations qui s'effectuaient souvent, pour les planètes, près de l'horizon. Pour en rendre compte, Tycho Brahe adopta l'hypothèse de Vitellion, et l'attribua à la différence de « densité » entre l'air et l'éther. De là naquit une controverse [479] avec le mathématicien du Landgrave de Hesse Rothmann. Celui-ci objecta que les réfractions étaient fortes seulement une vingtaine de degrés de part et d'autre de l'horizon, et devenaient plus loin négligeables ; elles étaient donc provoquées non par la surface sphérique de l'air, partout analogue et qui au zénith n'avait aucun effet notable, mais par la plus grande épaisseur de la *matière* vaporeuse qu'avait à traverser la lumière au ras de l'horizon, et qui aurait aussi provoqué les crépuscules. Tycho, nullement convaincu, modifie toutefois sa première explication et propose deux causes : une première, à la limite de l'air et de l'éther ; une seconde, plus basse, constituée par les vapeurs humides qui entourent la Terre. La controverse durait encore au moment de sa mort.

Kepler note que la discussion n'aurait pas été aussi confuse si les deux protagonistes avaient mieux compris les principes naturels des réfractions et disposé de leur mesure exacte. Ils auraient saisi que nous sommes plongés dans l'air comme des poissons dans l'eau et ils auraient reconnu que seule la *surface* qui sépare l'air de l'éther peut en être la cause. Ni Tycho alors ne les aurait attribués à deux corps différents, ni Rothmann, contre tous les principes de l'optique, à l'*épaisseur* même du corps à traverser[26]. Ainsi là où ses contemporains accumulent des causes matérielles disparates, Kepler suspecte l'effet simple d'une loi universelle et exprimable mathématiquement. Il ne conçoit pas qu'on puisse raisonner sur les phénomènes célestes autrement que par analogie avec les phénomènes terrestres : [480] l'air doit être à l'éther ce que l'eau est à l'air, et la lumière passer de l'un dans l'autre selon les mêmes principes[27].

Il est à remarquer que, comme dans le cas de la chambre noire, ce sont encore ici les progrès techniques de l'astronomie qui servent d'inducteur à ceux de l'optique (comme à ceux de cette autre partie de la physique qu'est la mécanique). L'astronomie est bien durant toute cette période, la science rectrice qui entraîne toutes les autres. Cela n'est pas sans effet sur ces dernières. En particulier, les procédures et les concepts de l'optique en restent marqués.

Ainsi, on entend alors par « réfraction » r non comme aujourd'hui l'angle que fait le rayon réfracté avec la normale au point d'incidence, mais l'angle que fait le rayon réfracté avec le prolongement du rayon incident : le problème était pour les astronomes de trouver la direction véritable d'où provenait la lumière de l'astre qu'ils observaient, et ils cherchaient avant tout à estimer la *déviation* subie. De même, on appelait alors angle d'incidence i, celui que fait le rayon incident non pas avec la normale (comme c'est actuellement le cas), mais avec la tangente à la surface réfringente : on comptait donc les incidences, selon la pratique des astronomes, [481] comme croissantes à partir de

---

26 *A.P.O.* IV, 1. GW, t. 2, p. 80.

27 *Ibid.*, IV, 2. GW, t. 2, p. 83 : « Je soutiens quant à moi qu'il faut trouver une mesure telle, que la réfraction s'ensuive nécessairement, sans l'intervention de rien d'autre. Car l'analogie de ce qui se passe de l'eau à l'air nous permet d'affirmer avec certitude que seule la surface de l'air en est responsable. »

l'horizon[28] (notre fig. 9). Ces différences de terminologie ne sont pas négligeables : elles attestent ce sur quoi l'attention des théoriciens de l'optique s'est portée en priorité : nous oublions trop souvent que, parmi toutes les grandeurs qui caractérisent la réfraction, la prise en considération de nos angles d'incidence et de réfraction n'a rien d'immédiat. Il n'était même pas acquis que les angles en général dussent être privilégiés : rien ne s'opposait à ce qu'on procédât, par exemple, à une étude systématique et quantitative de la position de l'image. C'est ce que fait Kepler au cours de ses nombreuses tentatives, qu'il expose toutes, comme il le fait aussi alors dans son œuvre astronomique. Il nous permet ainsi de mieux saisir la contingence de ses réussites, la nature de ses raisonnements, le lien qu'ils ont avec la manière dont il conçoit les objets qu'il étudie.

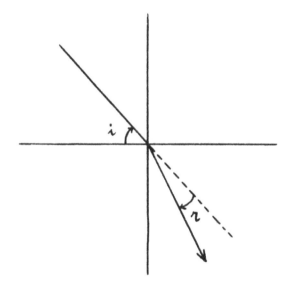

FIG. 9[29].

---

28 Pour permettre au lecteur de suivre le raisonnement de Kepler et les images concrètes qui l'accompagnent, nous mettons désormais entre guillemets ces deux termes. Quand nous les utilisons avec le sens qu'il leur donne, nous désignons la « réfraction » keplérienne – la déviation du rayon mesurée par notre angle (i – r) – par le symbole d ; et son « incidence » (90° – i) par e.
29 Schéma de Gérard Simon.

LE REJET DE LA CONSIDÉRATION DES SINUS

Si l'on simplifie sa démarche – qui est complexe, semée de nombreux faux-pas dont le récit d'aucun ne nous est épargné – Kepler procède en trois temps : il réfute d'abord les hypothèses formulées avant lui, et même certaines qu'il a prises à son compte avant de reconnaître leur inexactitude ; il étudie ensuite à quel « genre de quantité » appartient [482] la mesure des réfractions : entendons qu'il construit un modèle, à partir d'une analogie avec les miroirs hyperboliques, de la dispersion de l'image qu'elles provoquent ; enfin il propose une loi, fort complexe d'ailleurs, et qui n'aboutit qu'à une approximation. De plus, dans une sorte d'appendice, il se demande si certaines réfractions aberrantes, observées dans le passé, ne sont pas explicables – afin de pouvoir réutiliser des observations anciennes. Dans l'ensemble, il consacre plus de quatre-vingts pages à cette étude, et on peut dire qu'il passe au crible toutes les hypothèses passées et formule des propositions qui touchent de si près au but, qu'on perçoit comment il a pu mettre sur la bonne voie certains de ses successeurs immédiats.

Il part d'une idée simple : toute tentative d'explication doit faire intervenir simultanément *deux* variables – la grandeur de l'incidence d'une part, la « densité » du milieu réfringent d'autre part. Il commence donc par réfuter les hypothèses qui ne tiennent compte que d'une seule de ces données.

Si par exemple, comme Rothmann, on attribue à la seule densité du milieu la réfraction, celle-ci étant d'autant plus forte que la lumière s'y propage plus longtemps, en ce cas à l'horizontale elle devrait tendre vers l'infini ; de plus, le rayon, au lieu de rester rectiligne après avoir été brisé, devrait se courber au fur et à mesure de sa pénétration. Tout ceci est infirmé par l'expérience. De même, à s'en tenir au contraire à la seule variation des incidences, on ne comprend pas que les réfractions ne soient pas identiques quels que soient les milieux traversés.

[483] Faut-il admettre encore que la « réfraction » – c'est-à-dire la déviation d du rayon – maximale dans les incidences rasantes, et caractéristique alors du milieu rencontré, s'atténue ensuite à mesure que « l'incidence » e se relève ? En ce cas, on aurait, si on désigne par d_0 la déviation maximale, une déviation de $d_0/2$ pour une incidence de 45°. Mais les déviations, nulles sous une incidence perpendiculaire,

restent près d'elle très faibles, et s'accroissent brutalement au voisinage de l'horizon, comme en font foi les tables de Vitellion et celle de Tycho Brahe. C'est la raison qui avait poussé Rothmann à admettre qu'elles dépendaient de la longueur du trajet de la lumière dans la matière responsable des crépuscules, et Tycho à ajouter à celle que provoquent les couches supérieures de l'air celle qui résulte de ses vapeurs inférieures. Il suffit toutefois de se référer à ce qui se passe entre l'air et l'eau pour repousser toutes ces causes adventices, et pour affirmer que la réfraction atmosphérique obéit aux mêmes lois que toute autre. Il faut donc adopter un schéma plus complexe qu'une diminution de d proportionnelle à e (notre fig. 10).

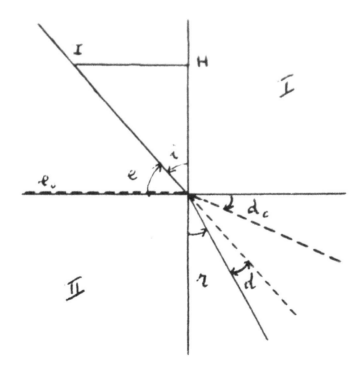

Fig. 10[30].

_____

30 Schéma de Gérard Simon.

C'est ici que pour la première fois Kepler va faire intervenir dans ses réflexions les lignes trigonométriques. Les raisons qui le poussent à le faire, les arguments qui lui paraissent justifier cette utilisation méritent qu'on s'y arrête : les unes et les autres mettent en évidence le lien entre la conception de la lumière et les raisonnements qui aboutissent à formuler une loi mettant en relation les sinus des angles concernés. Le mathématicien impérial rate de si peu ici la loi véritable, qu'il est intéressant d'analyser les processus mentaux qui l'ont empêché [484] d'approfondir une hypothèse qui devait mener au succès ses contemporains.

> Je n'ai pas manqué non plus de faire cette autre tentative : une fois posée la réfraction horizontale correspondant à la densité du milieu, est-ce que les autres ne répondaient pas aux sinus des distances à la verticale ? Mais le calcul ne vint pas le confirmer ; et d'ailleurs il était inutile de le rechercher. Car en ce cas, les réfractions croîtraient de manière analogue dans tous les milieux, ce qui est contraire à l'expérience[31].

Reprenons ici l'argumentation de Kepler (notre fig. 10). Notons d'abord les angles qu'il envisage. Pour une incidence rasante e_0 où $i = 90°$, il envisage un changement initial de direction maximum d_0, caractéristique du milieu. Or ensuite, on aurait d (c'est-à-dire pour nous $|i - r|$) tel que $d = d_0 . \sin . i$.

Kepler est ici tout près de prendre en compte les mêmes variables que Descartes, qui sera le premier à énoncer la loi des sinus. Il privilégie le sinus des distances (angulaires) à la verticale, c'est-à-dire de notre angle d'incidence i. Son erreur vient du fait que pour lui la grandeur caractéristique de la réfraction est l'angle $|i - r|$, correspondant à la déviation du rayon, et non l'homologue de i – notre angle de réfraction r, nouvelle distance angulaire du rayon à la verticale. Son souci d'expliquer le mouvement de la lumière par [485] des causes physiques lui fait négliger un principe simple, déjà mentionné par Vitellion et repris par Maurolico pour démontrer la loi de la réflexion : celui du retour inverse de la lumière. Il lui aurait suffi de remarquer que lorsque la lumière au lieu de passer du milieu I au milieu II va du milieu II au milieu I, l'ancien angle r devient le nouvel angle i, pour aussitôt s'apercevoir qu'il est vraiment illogique de prendre en considération comme il le fait d'un côté l'angle i, et de l'autre l'angle $d = |i - r|$ au lieu de l'angle r. Il est

---

31 [*A.P.O.* GW, t. 2, p. 84. *NdE*]

peu vraisemblable qu'alors la loi de la réfraction, sin. i = n. sin. r, lui ait échappé. Or, comme la suite de son étude le prouve, il connaissait ce principe, puisqu'il l'invoque un peu plus tard de manière explicite : « Car c'est le même chemin (que suit le rayon) pour entrer et pour sortir[32]. »

Est-il si vain de se demander pourquoi il a ainsi manqué d'un flair dont il a si souvent ailleurs fait preuve ? Sans doute pour lui, en tant qu'astronome, la réfraction se caractérisait-elle essentiellement par une « passion », une déviation subie par le rayon lumineux, qu'il fallait évaluer pour découvrir la véritable direction de la source. Mais après tout, rien ne l'empêchait de s'attarder plus longtemps sur son hypothèse et de tenter de l'améliorer. Rien, sinon vraisemblablement le fait qu'elle ne correspondait pas au modèle physique qu'il avait mis au point pour expliquer les propriétés de la lumière : celui d'une diffusion par *nappes sphériques* à partir d'un centre ponctuel, *dont le mouvement* [486] *en ligne droite d'un rayon isolé n'est qu'un cas particulier et abstrait.* Ce modèle, nous le savons, correspond à l'archétype de son Monde : la lumière y apporte partout la vie, et a pour fonction de se diffuser dans toutes les directions. Ce qui s'oppose à son action – ce qui lui fait subir une passion – contrecarre donc sa diffusion et *restreint la surface de la nappe.* C'est là l'intuition qui va dominer son étude ultérieure de la réfraction. Elle a sa fécondité, puisque dans son analyse de la formation des images sous l'effet de miroirs ou de lentilles, elle l'amène naturellement à chercher ce qu'il advient de faisceaux de rayons et non de rayons isolés, et le conduit aux concepts de convergence et de divergence. Au contraire, elle joue ici un rôle négatif, car elle l'empêche de persévérer sérieusement dans la voie ouverte par la considération des sinus. Et c'est Kepler lui-même qui nous explique pourquoi.

L'idée, parmi toutes les variables possibles, de retenir le sinus de l'angle d'incidence est en effet liée à une conception *dynamique* de la lumière, assimilant le mouvement d'un rayon à celui d'un projectile. La prise en compte des distances à la verticale (donc des sinus) n'a pas pour lui d'autre origine, et avec le démenti de l'expérience c'est l'ensemble de l'interprétation qui doit être rejeté :

> La cause qu'Alhazen et Vitellion avancent pour les réfractions se trouve
> au même titre critiquée. La lumière, disent-ils, recherche une compensation

---

32 *Ibid.*, IV, prop. VI. GW, t. 2, p. 107, l. 22 : « *Nam idem iter est ingrediente et egrediente.* »

pour le dommage du coup oblique qu'elle reçoit. Plus elle s'affaiblit quand survient un milieu plus dense, plus elle regroupe ses forces et se rapproche de la perpendiculaire, pour frapper plus à angle droit le fond du milieu plus dense. Car les [487] coups à angle droit sont les plus forts. Et ils ajoutent je ne sais quelle subtilité : le mouvement d'une lumière tombant obliquement sur la surface d'un milieu dense comprend une composante perpendiculaire et une composante parallèle à cette surface, et le mouvement ainsi composé n'est pas aboli, mais seulement gêné par la présence de ce milieu transparent plus dense. Ainsi le mouvement dans son ensemble, tel qu'il est composé, reprend vigueur : il subsiste dans le mouvement désormais altéré par la surface dense des restes de sa composition antérieure, si bien qu'il ne devient ni tout à fait parallèle, ni tout à fait perpendiculaire. Mais il incline plutôt vers la perpendiculaire que vers la parallèle, parce que le mouvement de la composante perpendiculaire est plus fort. Ils n'expliquent pas mieux la chose que Macrobe, au livre 7 des *Saturnales*, qui attribue une hésitation à la vision, et lui fait faire marche arrière pour éviter le choc[33]. Comme si la *species* lumineuse était douée d'un esprit pour estimer et la densité du milieu et le dommage risqué, et ceci de son propre chef, non par une force extérieure ; et comme si la réfraction était chez elle une action, et non une passion.

Si cette raison était la bonne, la mesure des réfractions serait vite faite. Les réfractions croîtraient comme les sinus des distances à la verticale, parce que c'est dans cette proportion que s'affaiblissent les coups du fait de l'obliquité. Si en effet on cherche de combien le Soleil renforce ses coups quand il frappe la Terre d'une hauteur de 30° au lieu d'une hauteur de 45°, il est exact [488] de répondre que c'est dans le rapport de la longueur du côté du carré à celui de l'hexagone. Car près de l'horizon, subitement le Soleil rassemble sa force ; près de la verticale elle varie peu, et il en va de même des sinus[34].

On reviendrait donc au cas que Kepler vient d'éliminer, comme infirmé par l'expérience : le cheminement de pensée conduisant à la prise en considération des sinus exige ici qu'on s'y arrête quelque peu. Pour Alhazen ou Vitellion, tout se passe comme si la lumière frappait la surface réfringente plus dense et subissait le contrecoup du choc. Mais au lieu d'être arrêtée par lui, elle en est seulement gênée, empêchée : elle accuse le coup, mais reprend son élan ; l'intuition rectrice est ici très voisine de celle qui a donné une physique de l'*impetus*. Toutefois, à la suite du choc, les composantes du mouvement de la lumière se trouvent modifiées. Un projectile frappe d'autant plus fort que l'impact se fait à la perpendiculaire de la surface rencontrée. Quand il arrive

33 [Macrobe, *Saturnales*, VII, 14, 2 (référence donnée en GW, t. 2, p. 441). *NdE*].
34 [*A.P.O.* GW, t. 2, p. 84. *NdE*]

en oblique, la composante perpendiculaire à la surface a donc plus de force que la composante parallèle : elle subit donc moins que cette dernière les conséquences du choc ; si le projectile poursuit sa route, il se rapproche donc de la normale. Tout se passe comme s'il évitait de dissiper son élan et s'il réorientait ses forces pour une pénétration plus efficace. De là vient que l'on retient le sinus IH de l'angle d'incidence comme variable caractéristique : il ne fait que matérialiser la « distance à la verticale », c'est-à-dire l'obliquité de l'impact ; plus il est grand, plus il est nécessaire que le projectile redresse sa course pour conserver sa puissance de pénétration, et plus doit être forte la réfraction, si on transpose à la lumière [489] ce modèle du choc. C'est ce qui se produit pour les rayons solaires, qui près de l'horizon « rassemblent leurs forces » en se rapprochant au maximum de la verticale.

On est étonné de constater la similitude structurelle de ce schéma dynamique avec la démonstration que donne Descartes de la loi de la réfraction. Même assimilation du mouvement de la lumière à celui d'un projectile ; même décomposition de ce mouvement en une composante verticale et une composante horizontale ; même souci de mettre en évidence les effets différents de l'obstacle rencontré sur l'une et sur l'autre ; même recours, pour mesurer ces effets, aux lignes IH, c'est-à-dire aux sinus. Les éléments envisagés sont donc les mêmes, du moins pour le mouvement incident. On ne trouve qu'une seule inversion : pour Kepler c'est la composante horizontale, parce que moins directe, qui subit le plus le contrecoup du choc ; pour Descartes au contraire c'est elle qui reste inchangée, parce que rien ne s'oppose à sa persévération ; seule la composante verticale est affectée par la plus ou moins grande difficulté de pénétration (sans doute faut-il voir ici l'opposition d'une dynamique guidée par la notion d'*impetus* et d'une physique fondée sur le principe d'inertie). Aussi pour Kepler la lumière se rapproche-t-elle de la verticale en pénétrant dans un milieu qui s'*oppose* à sa propagation, alors que pour Descartes cela se produit au contraire dans un milieu qui la *favorise*.

On sait toutefois combien a été discutée la démonstration de Descartes : non seulement les données dynamiques de son modèle d'une balle passant à travers une toile sont insuffisantes, mais de plus ce modèle, qui pour être valable présuppose une variation de vitesse du projectile, [490] est incompatible avec celui qu'il retient pour la lumière, qu'il assimile à la propagation *instantanée* d'une pression, et auquel il confère par conséquent une vitesse infinie. C'est ce qui une fois connus les travaux de Snellius, a fait douter de l'authenticité de sa découverte, et l'a fait même accuser de plagiat. Le mathématicien hollandais avait en effet une quinzaine d'années avant lui formulé la loi de la réfraction, en l'exprimant toutefois à l'aide des cotangentes et non des sinus ; et bien qu'il n'ait pas publié son résultat, Descartes a très bien pu en avoir connaissance par l'intermédiaire de Beeckman. La question de priorité semble ici insoluble, et nous ne nous hasarderons pas à en traiter après tant d'autres. En revanche, celle de la cohérence non pas logique, mais intuitive, du modèle cartésien et des conclusions qu'il en tire, compte tenu des connaissances de son temps, peut être abordée.

Il est vrai que Descartes n'a pas toujours eu recours, quand il a traité de la réfraction, à une comparaison avec un projectile. En reproduisant sa loi dans son journal en 1628-29, Beeckman lui attribue une justification fondée sur la statique : il aurait comparé le rayon incident et le rayon réfracté aux deux bras du fléau d'une balance, égaux et supportant des poids identiques, mais dont l'un est immergé dans l'eau et par conséquent se relève[35]. L'allusion est trop brève pour qu'il soit possible de restituer avec certitude le raisonnement de Descartes. Mais quand vers 1630 il passe à une analogie dynamique, on comprend comment elle s'intègre [491] à l'ensemble de sa pensée. Dans son *Monde*, il tend à retenir le choc comme fait physique fondamental ; et il distingue toujours avec soin dans un mobile la détermination à se mouvoir (m.v.) de la direction du mouvement. Il est donc normal qu'il compare la lumière à un projectile, et qu'il considère les composantes de son mouvement comme inégalement affectées par la résistance du milieu. Ce que prouve, de surcroît, le texte de Kepler, c'est que *l'analogie dynamique avec un projectile conduisait naturellement à prendre en considération les sinus* pour mesurer les effets de cette résistance. Le raisonnement de Descartes ne peut donc, sans restriction, être tenu pour une justification après coup destinée à masquer un emprunt inavoué, car même s'il est faux, il est si l'on ose dire métaphoriquement cohérent.

Par là se renforce la question : d'où vient que Kepler n'a pas approfondi sérieusement une hypothèse qui pouvait le mener si près du but,

---

35   AT X, p. 336 (Journal de Beeckman). Il est à remarquer que pour expliquer la réfraction, Kepler utilise également le modèle de la balance (*A.P.O.*, chap. I, prop. XX. GW, t. 2, p. 30), mais selon une tout autre logique.

puisqu'il lui suffisait de faire appel au principe du retour inverse de la lumière pour se rendre compte de l'absence d'homologie entre l'angle par lequel il mesurait l'incidence et celui par lequel il mesurait la réfraction ? On trouve à la fin du texte que nous venons de citer, où il rappelle les positions d'Alhazen et de Vitellion, un élément d'explication quand il les assimile à Macrobe, pourtant contrairement à eux partisan d'une émission à partir de l'œil. Il leur reproche de partager la naïveté de l'auteur des *Saturnales*, qui prête des hésitations et quasiment un esprit libre de ses décisions au rayon visuel, au lieu de l'étudier en termes exclusivement physiques ; de même, eux attribuaient une spontanéité à la *species* lumineuse, [492] en la tenant pour apte à rassembler ses forces, à viser plus directement le milieu, à se rapprocher de la verticale – bref ils raisonnaient une fois encore en termes de causes finales, malgré l'apparente rigueur mécaniste de leur décomposition du mouvement. En dépit – ou en raison – de retours fréquents aux théories de l'*impetus*, la dynamique de Kepler reste fondamentalement aristotélicienne : pour lui tout mouvement a une cause, soit naturelle, soit violente ; il ne connaît pas le principe d'inertie. Or celui de la lumière est éminemment naturel ; son *action* propre est de se propager sphériquement autour de sa source par une infinité de rayons rectilignes. Quand ceux-ci sont déviés, elle subit donc une *passion* : la cause de la déviation ne doit pas être cherchée en elle, mais dans ce qui lui fait violence. Or tout se passe dans l'analyse de ses prédécesseurs comme si la lumière *réagissait* à l'obstacle, trouvait en elle la ressource de réduire sa dispersion et de redresser sa course : c'est cela que Kepler ne peut admettre. On doit traiter corporellement des choses corporelles ; il faut donc ici comprendre ce qui se passe *réellement* quand le faisceau de rayons est dévié ; bref, il est nécessaire de revenir à la causalité de l'obstacle, qui est d'empêcher ce qui est essentiel à la lumière, son mouvement de diffusion. Le rayon en lui-même est une abstraction (chap. I, prop. V : « *lucis radius nihil est de luce ipsa egrediente*[36] ») ; le vrai mobile est une surface sphérique (*ibid.*). C'est à partir de là qu'il faut raisonner, et qu'il raisonne dorénavant : il faut trouver comment le changement de milieu *augmente ou amoindrit la zone d'éclaircissement*.

[493] Au lieu de reprendre de manière critique les idées d'autrui, Kepler résume désormais ses propres essais. Le schéma qu'il commence par retenir

---

36 [*A.P.O.* I, 5. GW, t. 2, p. 21. *NdE*]

(fig. 11), et où il s'efforce de représenter la causalité de l'obstacle, révèle bien l'esprit dans lequel il travaille. Il pense à l'expérience très connue du vase sur le fond duquel se trouve une pièce de monnaie : si quand il est vide on se place en sorte que le bord masque juste la pièce, il suffit de le remplir d'eau pour que celle-ci redevienne visible. La réfraction provoque donc une ascension de l'image, et le rayon qui provient de L semble venir de D, l'œil étant placé en A. Inversons le trajet : un rayon AB, au lieu de continuer vers D, se dirige vers L. C'est pourquoi Kepler interprète cette expérience de la manière suivante : « Puisque la plus grande densité du milieu est la cause de la réfraction ; tout semble se passer comme si on accroissait la profondeur du milieu où se réfractent les rayons jusqu'à concurrence de ce qu'occuperait la même quantité de matière sous la forme d'un milieu plus rare[37]. » Il veut dire par là que, en raison de l'obstacle rencontré, la lumière se diffuse moins facilement dans le milieu plus réfringent ; pour mesurer la [494] résistance qu'elle subit, il faut donc comparer cette diffusion avec ce qu'elle serait si le milieu n'avait pas changé, et avait conservé sa « rareté » initiale. Et il cherche à transcrire cette intuition sous forme d'une loi mathématique.

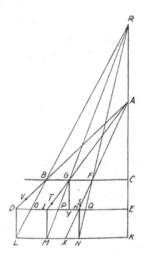

Fig. 11[38].

---

37   *Ibid.*, IV, 2. GW, t. 2, p. 85.
38   *Kepler Gesammelte Werke*, Munich, Beck, 1939, t. 2, p. 85.

« Soit A la source lumineuse, BC la surface du milieu plus dense, DE le fond. » Traçons un quadrilatère BCKL dont nous supposons qu'il contient la même quantité de matière sous forme raréfiée que le quadrilatère BCED sous sa forme dense. On peut par exemple imaginer BCED rempli d'eau, qui équivaudrait à un volume BCKL rempli d'air. En ce cas les rayons réfractés seraient BL, GM, FN, etc. ; et tout se passe comme si la source était située en R, image de A. Ce qui correspond à l'idée que dans un milieu plus dense qui s'oppose à son mouvement, *la nappe lumineuse s'élargit moins vite*.

Mais l'expérience infirme cette hypothèse : près de la verticale, les « réfractions » ($\widehat{HFQ}$ par exemple) sont trop grandes ; et d'après les tables de Vitellion et de Tycho Brahe, l'image de A n'est pas unique quelle que soit l'incidence, mais oscille autour de R. Infatigable, Kepler reprend son schéma et cherche à en améliorer l'interprétation :

> Je passe à d'autres moyens. Comme la densité du milieu fait pleinement partie des causes des réfractions ; et que la réfraction elle-même semble être une sorte de compression de la lumière, à savoir vers la perpendiculaire ; il me vint à l'esprit de chercher si le rapport de densité des milieux n'était pas le même que celui des fonds [495] qu'atteint la lumière d'abord dans le vase vide, ensuite quand on l'a rempli d'eau[39].

Mais ces « fonds », s'agit-il de lignes ? En ce cas le bon rapport serait celui de EQ à EH ; ou bien de surfaces ? Alors il serait comme EQ^2 à EH^2 ; ou même, s'agit-il des volumes délimités par les pyramides tronquées FHEC à FQEC ?

Rien pourtant ne réussit, car toutes ces tentatives se trouvent réfutées par l'existence d'un cas limite : comme R est constant par rapport à A, les angles $\widehat{HFN}$ qui matérialisent les réfractions, au lieu de croître, s'abolissent à l'horizon.

Alors toujours guidé par le souci d'évaluer la diffusion, et donc la surface d'éclairement, Kepler s'engage dans une autre voie : les images réfractées lui paraissent en quelque sorte matérialiser visuellement les limites de diffusion dans le milieu plus dense. Au lieu de chercher à mesurer des angles, puis des lignes ou des surfaces, il va donc chercher à cerner la loi à partir de la localisation des images. Considérons par exemple N, M et L comme les objets visibles et situons en A la place de

---

39 [*Ibid.* GW, t. 2, p. 86. *NdE*]

l'œil. Où se trouvent les images ? On assiste à une véritable débauche de six tentatives :

- Les images seront-elles H et I, intersection du rayon réfracté et de la perpendiculaire ? Mais en ce cas toutes les images seraient situées sur une même droite ED parallèle à la surface, ce que dément le sens même de la vue : elles se relèvent en effet vers la surface à mesure qu'on les regarde plus obliquement. [496]
- Seront-elles en ESTV, toujours à la même distance des points d'incidence FGB ? Mais ce serait supposer une réfraction en C, c'est-à-dire à la verticale.
- FH sera-t-il à FX ce que par leur densité les milieux sont l'un à l'autre ? L'objection est la même.
- Les hauteurs des images seront-elles en E et S comme CK à FX ? Mais à l'infini, elles rejoindraient la surface.
- Les hauteurs des images seront-elles proportionnelles aux sinus des « inclinations » (à nos sin. i) ? Mais en ce cas, elles seraient identiques dans tous les milieux.
- L'image en E, sur la perpendiculaire, donnerait le rapport de densité des milieux ; ensuite elles se relèveraient en proportion des sinus des inclinations ? « Il n'en est rien : le calcul diffère de l'expérience. »

Il semble donc nécessaire d'abandonner la voie de la localisation de l'image pour mesurer les réfractions. Mais n'était-ce pas prévisible quand on pense à ce qu'elle est ?

> Plus généralement, il est vain de prendre en considération, comme nous le faisons, l'image ou l'emplacement de l'image, précisément parce qu'il s'agit d'une image. Ce qui arrive à la vision, de l'erreur de laquelle résulte l'image, ne concerne en rien la densité du milieu, ni ce qui réellement affecte la lumière, c'est-à-dire sa déviation (ἀνάκλασιν)[40].

Dans son malheur, Kepler subit une véritable involution. Sans s'en rendre compte, il avait abandonné dans la pratique une définition psychique de l'image, conforme à [497] la théorie de ses prédécesseurs, pour une définition optique. Son échec le dégrise, et lui rappelle que l'image n'est jamais qu'une illusion...

---

40 *Ibid.*, IV, 2. GW, t. 2, p. 88.

LA LOCALISATION DE L'IMAGE
PAR ANALOGIE AVEC LA RÉFLEXION

Cet argument, en apparence péremptoire, n'a pas toutefois entièrement satisfait Kepler. Il n'abandonne pas si facilement une voie, quand elle est conforme à son intuition rectrice. Or l'image matérialise visuellement, en se relevant à mesure qu'on s'éloigne de la perpendiculaire, ce qui lui paraît déterminer la réfraction : une passion subie par la lumière en ce qu'elle a d'essentiel, qui l'empêche de se diffuser en nappe aussi largement qu'elle l'aurait fait sans obstacle. Cette intuition, confortée par le modèle qu'il s'est donné et qui lui a fait négliger d'approfondir l'étude des sinus, l'empêche cette fois de renoncer trop vite et le conduit à un surcroît de réflexion :

> Nous avons jusqu'ici suivi une méthode de recherche presqu'aveugle, et nous avons compté sur la chance. Désormais regardons-y de plus près, en procédant méthodiquement.
> Quand en effet je me disais que l'image de l'objet sous l'eau était si proche de la dimension légitime des réfractions, qu'elle les mesurait presque, qu'elle est basse lorsqu'on regarde à la verticale, qu'elle se relève lorsque l'œil se détourne vers l'horizon ; mais quand d'autre part l'échec de la tentative que je viens d'évoquer infirmait l'idée de rechercher dans l'image cette mesure, puisqu'elle n'existe pas pleinement de par [498] la nature des choses, mais aussi par une illusion de la vue, qui est un accident de la chose elle-même : toutes ces raisons antagonistes s'unirent pour me pousser à rechercher les causes de la formation des images dans l'eau, et dans ces causes la dimension des réfractions. Cette opinion s'ancra en moi d'autant plus que la cause de l'image qui se forme aussi bien dans les miroirs que dans l'eau, n'était pas expliquée clairement par les Opticiens. C'est là l'origine des recherches de notre troisième chapitre[41].

Fort des résultats qu'il y a obtenus, Kepler revient donc à la charge. Nous ne donnerons de ses raisonnements que la ligne essentielle : ils sont d'une grande technicité et d'une grande complexité, et aboutissent en fin de compte à un résultat approché très vite déclassé par les progrès ultérieurs de l'optique. Nous n'en exposerons donc que ce qui est susceptible, en éclairant sa démarche scientifique, de préciser les rapports qui existent chez lui entre l'idée apriorique qu'il se fait du champ d'objectivité qu'il étudie et les procédures de quantification qu'il imagine

---

41 *Ibid.* GW, t. 2, p. 88.

pour en mieux pénétrer les lois ; ou, pour être bref, entre les archétypes qui le guident et les solutions techniques qu'il propose. Ainsi pourra être plus nettement circonscrit *l'espace de jeu* que ménage à sa recherche la distance inévitable entre les idées directrices de sa métaphysique et les hypothèses de sa physique.

[499] La méthode, le fil d'Ariane qu'il évoque, est celle de l'analogie. « J'espérais en effet obtenir une mesure des réfractions si l'on veut aveugle, mais ayant le mérite d'exister ; fort de l'espoir de trouver la cause, une fois connue la mesure véritable[42]. » Car si l'on se fie pour trouver la clef de la réfraction à la manière dont s'y distribuent les images, alors elle devient comparable à un autre phénomène, la réflexion. En effet, elle provoque une déformation de l'objet qui n'est pas sans rappeler ce qui se passe dans les miroirs sphériques. Ceux-ci, quand ils sont convexes, fournissent une image amoindrie dont les bords semblent s'éloigner ; c'est ce qui se produit aussi quand la lumière passe dans un milieu plus « rare » ; et quand ils sont concaves, ils donnent une image agrandie dont les côtés paraissent se rapprocher, tout comme lorsque la lumière doit pénétrer dans un milieu plus « dense ».

Un audacieux passage à la limite vient conforter cette analogie. Un milieu théorique infiniment dense provoquerait, quel que soit l'angle d'incidence, une réfraction maximale : tous les rayons seraient déviés perpendiculairement à la surface réfringente, et sortiraient donc tous parallèles entre eux. Or il existe un cas de réflexion tout à fait semblable, car un miroir parabolique concave réfléchit tous les rayons issus de son foyer parallèlement à son axe, quelle que soit leur incidence (notre fig. 12). Grâce à des comparaisons de ce type, mais menées systémati-quement, [500] ne peut-on se faire une idée du phénomène ? Et de là, inférer ses causes ? D'autant que la forme du cristallin, dont Kepler a reconnu que la face postérieure n'est ni plane ni sphérique, incite à réfléchir sur les propriétés des miroirs et des surfaces réfringentes en forme de section conique. Ainsi l'expérience comme le raisonnement le poussent dans la même direction, ou plutôt le fourvoient dans la même impasse.

---

42 *Ibid.* GW, t. 2, p. 89.

Fig. 12[43].

Devant l'échec de l'inférence par les causes, le mathématicien impérial se rabat sur la recherche d'un modèle analogique : sa pensée suit en optique les schèmes dont nous avons déjà décrit la domination en astrologie. Le nouveau est ici que la nature des questions posées l'oblige à *travailler* mathématiquement les modèles dont il se sert, et à passer d'une analogie qui s'offre dans l'expérience commune à une autre, qui ne peut être atteinte qu'au prix d'un long effort d'élaboration. Il se demande en effet lesquelles, de toutes les formes de miroirs concaves, présentent les homologies recherchées. Il est ainsi amené à réfléchir sur les propriétés de *familles* de courbes, celles des différentes sections coniques, dont il étudie les transformations graduelles : de ce fait, ce qu'il pense sous la catégorie de l'analogie le conduit déjà à pratiquer ce qui est pour nous un véritable *passage à la limite* :

> Nous devons mettre les concepts géométriques au service de l'analogie : car j'aime beaucoup les analogies, mes maîtres très sûrs, qu'on doit particulièrement rechercher en Géométrie, puisque comme entre les cas extrêmes et le cas moyen [501] une infinité d'autres s'intercalent, même si à la limite ce qu'ils expriment cesse d'avoir un sens, ils mettent lumineusement en évidence l'essence complète de ce qu'on étudie[44].

Il étudie ainsi la continuité qui préside la variation des propriétés des sections coniques, cercle, ellipse, parabole et hyperbole (chap. IV, section 4).

Le seul résultat durable de son effort sera d'ordre lexical. Dans les généralités qu'il développe ainsi, il est le premier, en raison de l'usage

---

43 *Kepler Gesammelte Werke*, Munich, Beck, 1939, t. 2, p. 89.
44 *Ibid.*, IV, 4. GW, t. 2, p. 92.

optique qu'il veut en faire, à baptiser « foyers » les points caractéristiques que nous connaissons sous ce nom, et qu'à sa suite les auteurs
du XVIIe siècle appellent également « points brûlants[45] ». Les autres
dénominations qu'il propose, cordes, flèches, resteront au contraire sans
lendemain.

Une fois exposés les préalables mathématiques dont il a besoin, il se
lance dans une longue et difficile étude pour déterminer « quel genre de
quantité peut mesurer les Réfractions » (section 5). Son idée est de réus-
sir à trouver, par analogie, une loi de construction de l'image réfractée.
Nous ne donnerons ici que le principe de sa recherche.

[502] Celui-ci peut se comprendre à partir de notre figure 13.

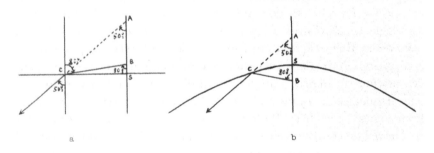

Fig. 13[46].

Il s'agit du cas de réfraction sur une surface plane (fig. 13 a) et du
cas de réflexion sur un miroir concave (fig. 13 b) que Kepler entend
comparer. Soit B la source lumineuse, C le point de réfraction d'une
part, de réflexion d'autre part ; l'image A se trouve à l'intersection de
la normale BS menée de B sur la surface réfringente ou réfléchissante,
et du prolongement du réfracté ou du réfléchi CA.

Supposons que les incidents BC fassent avec BS dans les deux cas des
angles identiques – mettons 80°, et qu'il en aille de même du réfracté et
du réfléchi prolongés jusqu'en A – mettons 50°. Pour Kepler, les deux
images réfractée et réfléchie fourniront alors une homologie significative.

Il faut en effet remarquer que dans la figure 13 a, ces angles sont
respectivement égaux aux angles d'incidence et de réfraction : il suffit

45 *Ibid.* GW, t. 2, p. 91.
46 Schéma de Gérard Simon.

de mener en C la normale à la surface réfringente pour le constater. Le mathématicien impérial espère donc trouver un cas de réflexion sur un [503] miroir concave en forme de section conique de sommet S, dans lequel la variation concomitante des angles $\widehat{SBC}$ et $\widehat{SAC}$ reproduise celle de l'angle de réfraction en fonction de l'angle d'incidence. Son idée est bien de construire un modèle analogique.

Il croyait au début résoudre facilement le problème, mais il se complique très vite. Il situe d'abord la source B sur l'un des foyers de la conique ; il a démontré auparavant qu'alors l'image A se trouve sur l'autre foyer. Le modèle est très simple ; mais Kepler constate qu'aucune conique ne convient alors pour représenter la réfraction. La parabole répond au cas théorique d'un milieu infiniment dense, où tous les réfractés sont rendus parallèles ; pour l'hyperbole, les angles $\widehat{CAB}$ croissent trop vite près de la normale et pas assez à l'horizon ; il en va de même pour l'ellipse. C'est l'échec.

Loin de se décourager, Kepler complique son modèle : il situe la source sur l'axe principal, mais cette fois plus près du sommet S que le foyer. Là encore, la parabole ne répond pas à son attente. Il se rabat sur les hyperboles, tâtonne pour trouver la bonne, tâtonne encore pour déterminer la place de B, et obtient enfin ce qu'il cherche : une réflexion à peu près équivalente à ce que serait, d'après les tables de Vitellion, la réfraction de la lumière passant de l'air dans l'eau.

Nous résumons ainsi près de vingt pages dans l'édition originale de tentatives successives, péchant tantôt par excès et tantôt par défaut, au cours desquelles il finit par cerner un résultat approché. Il faut remarquer qu'il n'a [504] fait aucune expérience nouvelle : il reprend purement et simplement à son compte les tables de Vitellion pour le passage de l'air à l'eau, et celle de Tycho Brahe pour celui du vide – ou de l'éther – à l'air. Il ne fait nullement une extrapolation à partir d'une courbe tracée par essais et erreurs empiriques : s'il tâtonne, c'est intellectuellement, pour trouver l'expression mathématique qui rende compte de faits d'expérience connus par ailleurs, et considérés comme acquis (bien qu'il estime que Vitellion ait donné un « coup de pouce » à sa table : la croissance des angles y est bien trop régulière, et il le sait)[47]. Il lui suffit sans doute de posséder grâce aux tables déjà constituées, l'allure générale du phénomène qu'il entend reproduire.

---

47   *Ibid.*, IV, 6, prop. VIII. GW, t. 2, p. 109.

Or, le résultat ainsi trouvé n'est pas susceptible d'une application immédiate universelle. La nature de l'hyperbole, la position de la source B varient pour chaque milieu, et sont à recalculer dès qu'on en change ; dans le cas présent, la solution proposée ne convient qu'au passage de la lumière de l'air dans l'eau. Si Kepler est en possession d'un modèle général de répartition des images selon l'incidence, il n'a en rien à sa disposition un procédé de calcul simple, rapide et sûr, s'étendant à la totalité des réfractions. Cela seul suffirait à rendre indispensable de reprendre les recherches sur des bases nouvelles. Ce n'est pourtant pas la raison essentielle qu'il invoque pour reconnaître leur caractère insatisfaisant. Le principal est pour lui que sa solution analogique ne rend pas et ne tient pas compte des causes réelles du processus : il s'est donc laissé [505] entraîner vers une abstraction mathématique, bonne tout au plus à fournir ce que nous appellerions un diagramme, au lieu de rechercher la loi véritable, selon ses fondements physiques :

> Mais vraiment lecteur, je t'ai assez fait attendre, et moi aussi : j'ai beau rassembler en un seul feuillet la grandeur des diverses réfractions, leur cause, je le reconnais, n'est pas incluse dans cette mesure. Car qu'ont de commun avec les multiformes sections coniques les réfractions dont nous traitions d'abord, qui portaient sur des surfaces planes entre deux milieux transparents ? C'est pourquoi il nous faut maintenant, avec l'aide de Dieu, passer de cette mesure à ses causes[48].

En fait, son approche va complètement se transformer, car il revient à ses intuitions initiales.

L'APPROCHE CAUSALE D'UNE APPROXIMATION LABORIEUSE

Kepler reprend donc son raisonnement, cette fois à partir des causes des réfractions, puisque la démarche analogique n'a pas fourni le résultat escompté. Plus il travaille désormais, plus il semble s'éloigner de la solution. Mais il lui faut trouver un algorithme, même s'il reste fort compliqué : il ne peut se satisfaire de tables empiriques, car derrière elles il soupçonne toujours la présence d'une loi unifiante cachée.

Son analyse le conduit à la prise en considération de deux variables corrélatives, mises en évidence par la figure 14 : la variation de l'angle

---

48 [*Ibid.* GW, t. 2, p. 104. *NdE*]

d'incidence $\widehat{BAC}$, et [506] la longueur des lignes BM. Rappelons que, pour plus de clarté, nous traduisons ici constamment par « angle de déviation » ce que Kepler appelle, dans sa terminologie, « angle de réfraction ».

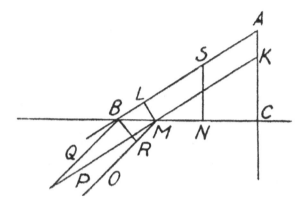

FIG. 14[49].

Prop. I. – Plus l'incidence de la lumière est oblique, plus grand est l'angle dont elle est déviée[50].

En effet, explique-t-il, si cet angle cessait de croître, il n'y aurait plus de cause universelle à la réfraction. Cette cause, c'est la résistance qu'oppose le nouveau milieu à la dispersion de la lumière, dispersion qui tient à son essence même comme l'a établi le chapitre I. Or l'augmentation de l'angle d'incidence n'exprime rien d'autre qu'un accroissement de la dispersion : si donc celle-ci n'était pas sans cesse de plus en plus contrariée, cela signifierait qu'à partir d'une certaine incidence, 80° par exemple, le milieu cesserait de s'opposer à elle et de jouer son office.

Corollaire : Si on ne considérait dans le milieu que sa seule densité, les angles de déviation seraient proportionnels aux angles d'incidence[51].

Mais une seconde proposition vient modifier cette conséquence, démentie par les faits :

---

49 *Kepler Gesammelte Werke,* Munich, Beck, 1939, t. 2, p. 105.
50 [*Ibid.* GW, t. 2, p. 104. *NdE*]
51 [*Ibid.* GW, t. 2, p. 105. *NdE*]

Prop. II – Plus l'incidence de la lumière est oblique, plus s'accroît la résistance du milieu par rapport à celle qu'il offrait sous incidence perpendiculaire[52].

Considérons en effet la figure 14 : à mesure que grandit l'angle d'incidence, s'allongent aussi les lignes BM pour un faisceau donné de rayons parallèles de largeur LM. Pour une même quantité de lumière, une quantité de matière de plus en plus grande est ainsi heurtée en surface. Or [507] n'oublions pas que c'est là pour Kepler la cause de la réfraction. Le milieu offre donc une résistance de plus en plus grande, parce que l'obstacle qui s'oppose à un quantum donné de lumière s'accroît avec l'incidence. La grandeur des lignes BM doit donc également être prise en considération, et il faut combiner les deux causes de variation :

Prop. III – Le rapport sous lequel croissent les angles de déviation est supérieur à celui sous lequel croissent les angles d'incidence[53].

En effet, il s'ajoute à l'accroissement reconnu par la proposition I, qui est proportionnel à celui de l'incidence, l'accroissement énoncé dans la proposition II :

L'angle de déviation a une composante qui est proportionnelle aux incidences, et une autre, qui est proportionnelle aux lignes BM[54].

Or celles-ci s'allongent comme les *sécantes* de l'angle d'incidence (en effet $\overline{BM} = \overline{LM}$ sec. $\widehat{BAC}$, puisque $\widehat{BML} = \widehat{BAC}$)[55]. Ces sécantes deviennent donc l'une des composantes de la formule finale.

Remarquons l'intuition qui préside à la logique du raisonnement keplérien. Tout tient à sa conception de la lumière qui a pour fonction essentielle de se disperser en toutes directions à partir d'un centre, comme elle le fait dans tout l'univers à partir du Soleil. Elle pâtit donc doublement d'un obstacle :

— Tout d'abord, à quantité de matière égale, la dispersion est d'autant amoindrie qu'elle est initialement plus forte (prop. I). [508]

---

52 [*Ibid.* GW, t. 2, p. 105. *NdE*]
53 [*Ibid.* GW, t. 2, p. 105. *NdE*]
54 [*Ibid.* GW, t. 2, p. 105. *NdE*]
55 Rappelons que sec. α = 1/cos. α.

– Ensuite, la quantité de matière qui fait obstacle s'accroît avec l'incidence, c'est-à-dire la dispersion. L'effet du milieu rencontré n'est donc pas constant, mais croissant.

On reconnaît à l'œuvre sous ce raisonnement l'idée archétypale dont le chapitre I déduisait les propriétés de la lumière : elle se diffuse en cercle, selon son essence, et pâtit de ce qui s'oppose à son mouvement. Tout se passe comme si la friction de l'obstacle, le long des lignes BM, l'empêchait d'élargir le champ de son action. Ce n'est donc pas, contrairement à Descartes, la composante du mouvement perpendiculaire à la surface réfringente qui est atteinte et qui doit être prise en considération, mais celle qui lui est parallèle, et qui est comme freinée par le grain de la surface qu'elle attaque de biais. On voit combien la conception physique que Kepler se fait de la lumière, à partir de présupposés eux-mêmes métaphysiques, continue à lui servir de guide dans le calcul des données techniques concernant son mouvement.

Il ne faudrait toutefois pas surestimer la rigueur du raisonnement que développe ici le mathématicien impérial. Sa cohérence est moins logique qu'intuitive, et en fait, à plusieurs reprises, il bricole intellectuellement, pour faire cadrer ses résultats avec les faits. Sans doute peut-il rectifier une erreur de Rothmann, reprise parfois par Tycho Brahe, et montrer que pas plus que la distance, la faiblesse de la source n'intervient dans la grandeur de la déviation (prop. IV) : l'éloignement des étoiles ne modifie donc en rien leur réfraction. Mais à deux reprises, [509] son raisonnement est fautif, ou présente une faille.

D'abord, s'il faut faire intervenir l'obstacle offert par une quantité de matière croissante pour une quantité de lumière donnée, ce sont les *surfaces* BM^2 et non les lignes BM qu'il aurait dû prendre en considération ; donc les carrés des sécantes, et non les sécantes elles-mêmes.

En second lieu, sa logique va, pour ainsi dire, à sens unique, et n'est valable que pour le passage de la lumière d'un milieu plus à un milieu moins réfringent, par exemple de l'eau à l'air. Il faut en effet que les angles d'incidence ne puissent atteindre 90° (cas de l'incidence rasante) : sinon leur sécante devient infinie, et avec elle la déviation du rayon, ce qui est absurde. Il propose de ne retenir donc, quelle que soit la direction de la lumière, que la sécante de l'angle que fait le rayon avec la perpendiculaire dans *le milieu le plus « dense »* : dans le cas du passage de l'air à l'eau, il s'agit bel et bien de la sécante de notre angle de réfraction. Ceci au nom du retour inverse de la lumière : curieux usage d'un principe pourtant utile... En pratique, c'est toujours le rapport des lignes BM à BR, et non à LM (fig. 14), qu'il faut d'après lui faire entrer dans les formules (prop. VI).

Au prix de ces bricolages, il en arrive à un calcul compliqué, qu'il serait inutile de rapporter ici, à propos de la réfraction de l'air vers l'eau. Il y fait intervenir les deux éléments, variation d'incidence et variation de sécante, qu'il a retenus. Bien qu'il ne l'énonce pas expressément, la loi à laquelle répond ce calcul est de la forme : [510] $\alpha - \beta = k. \alpha. sec. \beta$, où α désigne l'angle d'incidence, β l'angle de réfraction, k un paramètre constant – où $(\alpha - \beta)$ représente donc ce que Kepler appelle « réfraction » et nous la déviation du rayon. Sa formule aurait pu le conduire à des résultats corrects pour les petites incidences ; mais comme de plus pour établir le paramètre k, il part des chiffres donnés par Vitellion, qui sont faux, son estimation de l'angle de réfraction pèche constamment par excès[56]. Cette même formule le conduit également à corriger la table des réfractions atmosphériques proposée par Tycho Brahe, en particulier au voisinage de l'horizon.

On voit combien la conception que se fait Kepler de la lumière, de sa nature, de son mouvement, de la manière dont agissent sur elle les obstacles qu'elle rencontre, contribue à diriger son investigation, et, dans le cas présent, à la fourvoyer. On ne peut séparer chez lui la réflexion physico-métaphysique sur les objets de son savoir des hypothèses techniques qu'il est amené à formuler à leur égard, et des tentatives de calcul qui en sont les conséquences. Ce lien entre physique quantitative et métaphysique spéculative se retrouve également chez un Descartes, et ne nous semble pas pouvoir être attribué seulement à des raisons d'ordre psychologique, tournures d'esprit, modes intellectuelles [511] ou autres.

La suite du texte peut nous faire saisir au moins l'une des raisons négatives qui conduisaient à ne pas considérer comme suspecte une tentative de déduire *a priori* les lois de la nature. Les hommes de ce temps, en fait, ne soupçonnaient nullement l'extraordinaire complexité

---

56 On peut trouver en GW, t. 2, p. 443-445, l'analyse complète faite par F. Hammer du calcul de Kepler et la comparaison de ses résultats avec ceux que donne la loi de Snellius-Descartes.

de l'univers physique : pour qu'elle commence à apparaître, il fallait déjà le connaître assez pour avoir les moyens techniques de critiquer les simplifications abusives. Au début, tout paraissait simple, et un Kepler a toutes les audaces. Il n'a aucune idée de ce qu'ont de *spécifique* les paramètres qu'il utilise. Ainsi la quantité k de sa formule $\alpha - \beta = k$. α. sec. β, est par nous pensée comme un indice de réfraction, d'ailleurs faux, caractérisant le rapport des pouvoirs réfringents de deux milieux transparents, et rien d'autre. Or, ce n'est pas du tout ce que lui en pense. Il prend au sérieux l'intuition concrète qui le guide, et qui est celle d'une différence de *densité* entre les deux milieux, faisant qu'en surface les grains de matière sont en quelque sorte plus serrés et s'opposent plus à la diffusion de la lumière. Il s'estime donc en droit d'inverser le problème, et d'inférer de ce paramètre k un rapport spécifique de poids, caractérisant pour lui la quantité de matière contenue par unité de volume :

> *Prop*. X – À partir de la grandeur des réfractions, rechercher le rapport des densités des deux milieux considérés, j'entends l'eau et l'air[57].

Son résultat est bien sûr fantaisiste, un million de fois trop faible. Il n'empêche que la manière dont il défend son audace, qui consiste à attribuer à l'air – [512] l'un des éléments légers de la tradition – un poids, permet de comprendre ce qu'elle a d'intellectuellement libérateur :

> Je n'ignore pas, n'en aie crainte, que je vais encourir la critique des Philosophes, en estimant ici, comme déjà auparavant, que l'air est grave ou pondéreux ; d'autant qu'avec Cardan et beaucoup de bons philosophes d'aujourd'hui, je le considère comme froid ; et je ne vois pas ce qui resterait à Aristote pour soutenir qu'il est absolument léger et chaud par nature, si on lui retire en même temps cette combinaison de qualités. Ni la Médecine ni la Physiologie n'en souffriront, pourvu qu'il reste comparativement léger et apte à l'échauffement[58].

De même, il déduit (prop. XI) de son calcul de la réfraction atmosphérique, la hauteur de l'air au-dessus des plaines : il l'estime à un demi-mille germanique, c'est-à-dire à 3,7 km. – estimation qu'il reprend sept ans plus tard dans la préface de sa *Dioptrique*. On est loin du compte,

---

57   [*A.P.O.* GW, t. 2, p. 119. *NdE*]
58   *Ibid.*, IV, 6. GW, t. 2, p. 120.

mais aussi de Tycho Brahe, qui distinguait encore entre vapeurs basses et air, et faisait aller ce dernier jusqu'aux confins de la Lune, remplissant ainsi la vieille sphère sublunaire d'Aristote. Que faut-il ici noter, de la naïveté des calculs, ou de l'audace de la rupture avec le monde légué par les anciens ? Et en l'absence de toute possibilité de recouper les hypothèses de travail à l'aide des résultats acquis au sein d'une science déjà pleinement constituée, cette audace aurait-elle été possible, sans le secours d'une [513] réassurance métaphysique en tenant lieu ?

Comme on peut le constater, il n'est pas possible de séparer les archétypes keplériens, liés à sa métaphysique, de sa physique : ils y jouent un rôle à la fois heuristique et régulateur, qui apparaît dans ses échecs aussi bien que dans ses succès. On s'aperçoit que son idée d'un monde image de la Trinité, qui détermine sa conception de la lumière (comme succession de nappes sphériques), lui a sans doute fait rater ici la loi de la réfraction – alors qu'ailleurs, même en optique, elle se révèle très féconde, en le poussant par exemple à étudier des faisceaux de rayons plus que des rayons isolés. Par là s'éclaire la démarche keplérienne : elle ne se fait pas purement et simplement au hasard, par un tâtonnement répondant à une série d'intuitions ponctuelles[59]. Même s'il procède par essais et erreurs, par rectifications successives, c'est toujours en s'efforçant à la fois de forger un modèle physique plausible pour justifier ses tentatives, et de ne tenter que ce qui répond pour lui à des normes de plausibilité pouvant se concrétiser en un modèle. Il instaure donc toujours un dialogue entre l'hypothèse quantificatrice et la modélisation qualitative. Sans doute existe-t-il pour l'imagination créatrice une grande marge de liberté entre ces deux pôles. Car la physique reste à inventer : c'est elle qui ultérieurement fixera aux modèles des profils très stricts ; pour le moment, la métaphysique en tient lieu ; mais elle est beaucoup moins contraignante, étant science des causes lointaines, sinon ultimes. [514] De là une impression possible de recherche au hasard, qui n'est en fait qu'une illusion de rétrospective ; de là aussi la nécessité de saisir en ses structures les normes de plausibilité alors à l'œuvre, si on veut comprendre, avec les schèmes intuitifs qui animent ses représentations, les raisons des succès et des échecs de Kepler.

---

59   Sur l'importance desquelles insiste à juste titre J.-C. Pecker dans « La méthode de Kepler est-elle une non-méthode ? », in : *J. Kepler Mathematicus. Quatrième centenaire de la naissance de Johannes Kepler*, Paris, Société Astronomique de France, 1973, p. 99-129.

L'ŒIL ET LA VISION

[516] Pour que le rôle de chacune des parties de l'œil apparaisse, je vais décrire la manière dont se fait la vision, qui à ma connaissance n'a jusqu'ici jamais été pleinement explorée et comprise par personne...

Je dis que la vision se produit quand une reproduction (*idolum*) de la partie hémisphérique du monde située devant l'œil, et même d'un peu plus, se forme sur la paroi blanc rougeâtre de la surface concave de la rétine. Comment cette reproduction ou cette peinture se lie aux esprits visuels qui résident dans la rétine et dans le nerf ; savoir si c'est par ces esprits qu'elle est amenée à travers les cavités du cerveau devant le tribunal de l'âme ou de la faculté visuelle, ou si au contraire c'est la faculté visuelle qui comme un questeur délégué par l'âme, descendant du prétoire du cerveau jusque dans le nerf optique et la rétine comme jusqu'à ses derniers bancs, s'avance au devant de cette reproduction ; cela, dis-je, je laisse aux physiciens le soin d'en discuter[1].

Kepler indique ici très clairement à la fois la nature de sa découverte concernant la vision, et le problème qu'elle lui pose. L'œil, organe sensitif, fonctionne comme un dispositif optique ; il se forme en son fond, sur la rétine, une image réelle de ce qui se trouve devant lui ; il reste à expliquer comment cette image, chose appartenant encore au domaine de l'optique, produit la sensation, qui relève essentiellement du psychisme – le terme de « physiciens » [517] désignant en effet chez lui naturalistes et médecins.

Nous allons étudier successivement les deux aspects de l'analyse keplérienne : la question qu'il résout d'abord, avec l'affirmation de la formation d'une image sur la rétine ; celle qu'il soulève ensuite, avec sa transmission jusqu'au siège de l'âme. Nous nous arrêterons sur les conséquences techniques de la première, et sur les implications épistémologiques et philosophiques de la seconde.

---

1   [*A.P.O.*, V, 2. GW, t. 2, p. 151-152. *NdE*].

LA FORMATION DE L'IMAGE RÉTINIENNE [518]
ET LE CONCEPT DE CONVERGENCE

L'ÉTAT DE LA QUESTION

Comme toujours, Kepler joint à son analyse une histoire de ce dont il traite, permettant de comprendre l'originalité de ses affirmations. Son cinquième chapitre, qui porte sur « La manière dont se fait la vision », comporte dans sa section IV des « considérations » sur ce qu'ont dit sur le sujet « les Opticiens et les Anatomistes ». Ces considérations sont éclairantes, car elles révèlent que rien, absolument rien, n'était encore définitivement acquis en 1604 : ni le débat entre tenants d'une émission par l'œil de rayons visuels et réception par lui de rayons lumineux, ni la question du rôle du cristallin.

L'antique tradition euclido-ptoléméenne d'une émission à partir de l'œil avait toujours des défenseurs. Sans doute Porta avait-il reconnu que le modèle de la chambre noire rend indéfendable la thèse du rayon visuel, et tranché la question en faveur d'une réception de la lumière à l'intérieur du globe oculaire. Mais les « opticiens », comme on les appelait alors, n'avaient nullement remarqué son affirmation et il fallait sans doute tout le génie de Kepler pour le faire. En 1604 encore, l'année même où celui-ci publie son propre ouvrage, on édite à Paris une version latine de l'*Optique* et de la *Catoptrique* d'Euclide, avec une préface d'un disciple de Ramus, Jean de la Pène (Johannes Pena), défendant la théorie de l'émission à partir de l'œil. [519] Il s'agit en fait de la reprise d'une édition de 1557 ; mais elle se présente comme un ouvrage original et d'une parfaite actualité, au point que Kepler traite Pena comme un contemporain, et se donne la peine de le réfuter longuement dans la préface de sa *Dioptrique* (1611).

Même quand les positions n'étaient pas aussi tranchées, une équivoque demeurait. Par exemple, quand il fallait mesurer la distance angulaire de deux astres, on visait simultanément l'un et l'autre à l'aide d'un sextant – sorte de compas pourvu d'une graduation. Le sommet de l'angle était-il matérialisé par la charnière de l'instrument, fallait-il le situer à l'emplacement de la pupille, ou encore du cristallin ? La précision des observations exigeait que l'on connût le centre de ce qu'on appelait alors l'angle de vision. Pour en traiter, Tycho Brahe utilise sans hésiter le concept euclidien de rayon visuel[2]. C'est ce que fait encore beaucoup plus tard, en 1619, Christoph Scheiner ; il s'est pourtant rallié à la théorie keplérienne de l'image réti-nienne, et est même le premier à en rapporter des preuves expérimentales décisives. Cela ne l'empêche nullement de consacrer un tiers de son livre à la question de l'angle visuel (qui pour lui permet de saisir la grandeur relative des objets) et d'affirmer qu'il suffit d'*inverser* le concept de rayon visuel pour lui conserver une validité au moins formelle : c'est même l'un des propos essentiels de son ouvrage[3]. La théorie euclidienne de l'émission avait bénéficié d'une telle élaboration géométrique que, même après [520] sa faillite, les concepts de l'optique continuaient à en être marqués.

On comprend dans ces conditions l'enthousiasme de Kepler envers l'affirmation de Porta concernant la chambre noire et son assimilation à l'œil :

> Enfin vient le tour du dernier que je me suis proposé de considérer, celui de Jean-Baptiste Porta, qui, dans le chap. 6 du livre XVII de sa *Magia Naturalis*, commence par livrer l'artifice par lequel s'obtient ce dont j'ai donné ci-dessus, au chap. 2, la démonstration complète : comment voir dans les ténèbres, avec leurs couleurs, tous les objets qu'à l'extérieur le soleil éclaire. Ensuite, après avoir exposé d'autres artifices fort plaisants, il ajoute, sur le point de conclure, ces quelques mots sur la vision : « Par là apparaît clairement aux Philosophes et aux Opticiens en quel lieu se fait la vision, et se trouve tranchée la question, tant débattue depuis l'Antiquité, de l'introduction, et nul autre artifice ne peut en apporter la preuve. L'image est introduite par la pupille, comme par le trou de la fenêtre, et la partie de la sphère cristalline située au centre de l'œil, tient lieu d'écran ; ce qui plaira extrêmement, j'en suis sûr, aux bons esprits[4]. »

Et en exprimant à Porta toute sa reconnaissance pour ne pas avoir caché son secret et avoir su remarquer le rapprochement possible avec l'organe de la vue, le mathématicien impérial ajoute ceci, qui prouve qu'il ne sépare pas conception de la lumière et théorie de la vision :

> [521] Et de fait, tu nous remplis de joie, excellent initié des mystères de la nature, de nous avoir ôté le poids de savoir si c'est par réception ou par émission que s'effectue la vision [...]. Je pense qu'il n'y a pas de meilleur moyen de confirmer la réception des espèces dans l'œil et de réfuter l'hypothèse qu'il émette des rayons, [...] (voir Macrobe, livre VII des *Saturnales*), réfutation pourtant tentée par Vitellion (livre III, p. 5) et Aristote (*Du Sens et du sensible*, chap. 5) ; plus

---

2   *Ibid.*, V, 5. GW, t. 2, p. 193.
3   Christoph Scheiner, *Oculus hoc est : Fundamentum Opticum...*, Oenipontum [Innsbruck], apud Danielem Agricolam, 1619.
4   [*A.P.O.*, V, 4. GW, t. 2, p. 187. *NdE*]

personne ne pourra désormais conserver à ce sujet le moindre doute, pourvu que ceux qui font profession de physique abandonnent leur fatale paresse d'esprit et se montrent dignes du peu qu'on leur fait connaître. On peut même dire que par ton invention les Philosophes apprendront à philosopher avec bien plus de justesse sur la lumière, la couleur, la transparence que par Aristote. Aristote, dans *Du Sens et du sensible*, trouve absurde Empédocle d'avoir considéré la lumière comme un flux. Il répugne à ce que la vision se produise quand l'œil est atteint par un flux provenant des couleurs. Qu'il regarde donc dans ta chambre obscure : il verra l'écran atteint, alors que l'œil, lui, ne pourrait pas l'être[5] ?

On peut toutefois se demander si Kepler ne prête pas à Porta sa propre profondeur. Car ce dernier n'imagine jamais que l'introduction d'une *image* (*idolum*), et est incapable d'analyser comment elle se forme selon des lois optiques ; il la localise d'ailleurs non sur la rétine, mais sur le cristallin, ne remettant [522] sur ce point nullement en cause une longue tradition.

En effet, Kepler rappelle lui-même qu'outre la question de la réception ou de l'émission, une seconde équivoque pesait sur l'optique : la fonction du cristallin était jusqu'à lui restée incomprise. On en faisait ordinairement, à la suite d'Aristote, le siège de la sensibilité oculaire ; Vitellion, par exemple, pensait qu'il est le lieu de rencontre des rayons lumineux et des esprits visuels. Kepler au contraire, à la suite du médecin Felix Platter, estime que toute thèse de cet ordre est réfutée par l'étude anatomique. Le cristallin n'est pas relié directement à la rétine par l'intermédiaire des procès ciliaires comme on le croyait avec Vitellion (et comme le soutenait encore un autre médecin, ami de Kepler, Johannes Jessen) : et s'il n'est pas ainsi en connexion avec le nerf optique et par son intermédiaire avec le cerveau, il ne peut pas être l'organe sensitif que l'on dit[6].

Mais même quand on lui refusait une fonction sensitive pour ne lui prêter qu'un rôle purement optique, on se méprenait encore sur son compte. Platter constate que le cristallin énucléé fonctionne comme une loupe – il l'avait sans doute remarqué au cours de ses recherches anatomiques ; il en conclut qu'il joue le même office que les lunettes pour les myopes, et sert à grossir les objets visibles[7]. Quand donc Porta estime que le cristallin est l'homologue de l'écran qui dans la chambre noire recueille les images

---

5   *Ibid.*, V, 4. GW, t. 2, p. 187-188.

6   Cette discussion anatomique est exposée in *A.P.O.*, V, 1 (GW, t. 2, p. 150) et V, 4 (p. 183). Le *De corporis humani structura et usu Libri III* de Felix Platter (Bâle, [Ex officina Frobeniana,] 1583) venait d'être réédité en 1603.

7   *A.P.O.*, V, 4. GW, t. 2, p. 186-187.

lumineuses, il est clair qu'il ne soupçonne pas lui non plus [523] sa fonction optique précise, et qu'il prend de plus sans critique la suite d'une longue série d'affirmations tendant toutes ou presque à faire de lui le siège de la sensibilité oculaire. On comprend que son opinion soit longtemps passée inaperçue : sa remarque incidente n'avait en rien la cohérence d'une démonstration apte à remettre en cause les opinions reçues.

LA DESCRIPTION DU FONCTIONNEMENT OPTIQUE DE L'ŒIL

Kepler au contraire procède avec une grande méthode. Il s'efforce d'abord de donner de l'œil une description anatomique aussi précise que possible. On est frappé par le soin avec lequel il note comment les différentes « tuniques » se rattachent les unes aux autres, ce qui est pour lui un indice de leur fonction ; il souligne que la rétine semble être un rebroussement du nerf optique, qui lui-même procède de la substance cérébrale ; il situe avec bonheur le cristallin dans la partie antérieure de l'œil, et non en son centre, comme l'avait fait Risner en 1575 dans son édition de Vitellion ; il relève minutieusement la différence entre sa face antérieure, qui affecte la forme d'une petite calotte presque sphérique, et sa face postérieure, plus renflée et quasi hyperbolique. Il méconnaît toutefois le rôle et la nature des procès ciliaires, qu'il reviendra à Descartes d'expliquer[8] ; et surtout il commet à la suite de ses prédécesseurs l'erreur de placer le débouché du nerf optique dans l'axe de l'œil. Il le représente même très large, et [524] semble, contre l'avis de Platter, se rallier à l'affirmation courante qu'il est le seul nerf à être creux[9]. Nous verrons en étudiant ce qu'il dit de la vision combien ces deux erreurs anatomiques sont significatives. Mais dans l'ensemble, sa description s'appuie sur les travaux les plus récents et est d'une grande exactitude. Elle lui permet d'expliquer le rôle de chacun des tissus de l'œil dans la formation d'une image sur la rétine.

Le trait essentiel de son analyse (section 2 du chapitre V) est qu'il traite l'œil comme un *dispositif optique* tel qu'à chaque point de l'objet corresponde sur la rétine un point de l'image. Il décompose en deux temps

---

8   Dans son *Traité de l'Homme*, AT XI, p. 153.
9   *A.P.O.*, V, 1. GW, t. 2, p. 148. En dehors des erreurs que nous avons signalées, Kepler croit l'humeur vitrée légèrement plus réfringente que l'humeur aqueuse. Et compte tenu de l'endroit où il situe le débouché du nerf optique, il ne peut évidemment soupçonner l'existence de la tache jaune et du point aveugle.

son explication (notre fig. 15). Il prend d'abord le cas d'un point visible isolé, situé dans le prolongement de l'axe de l'œil. « Comme tout point rayonne en sphère », il se trouve être le sommet d'un cône de rayons dont la base est à peu près du diamètre de la pupille – les autres étant arrêtés par l'iris qui joue le rôle de diaphragme. Les rayons de ce cône subissent, dès qu'ils entrent en contact avec la cornée, une première réfraction qui les rend faiblement convergents ; de là ils passent en droite ligne à travers la pupille, puis frappent à peu près à la perpendiculaire la face antérieure du cristallin, dont la convexité est analogue à celle de la cornée ; ils n'y sont donc pas déviés. En revanche, ils subissent sur la face postérieure du cristallin, renflée en forme d'hyperboloïde, une seconde et forte réfraction qui les fait « tous converger [...] presque en un seul point qui est le centre même [525] et l'extrémité du nerf optique, son point d'attache avec la rétine[10] ». Rappelons en effet que Kepler situe le nerf dans l'axe de l'œil. C'est là pour lui le lieu par excellence de la vision distincte.

Il reste à expliquer comment on voit un corps, et non plus seulement un point. Kepler expose donc de la même manière le trajet des rayons qui émanent de points situés en dehors de l'axe optique ; ils divergent en cônes cette fois scalènes, et subissent eux aussi une première réfraction sur la cornée, puis à la différence des précédents une seconde, et inégale, sur la face antérieure du cristallin, enfin une dernière sur sa face postérieure. Bien que la disposition en sphère de la rétine soit adaptée à la longueur

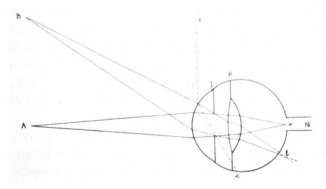

Fig. 15[11].

---

10 *Ibid.*, V, 2. GW, t. 2, p. 154.
11 Schéma de Gérard Simon.

[Nous avons représenté sur cette figure la manière
dont Kepler conçoit le trajet des rayons lumineux dans l'œil].
I : Iris; P : Procès ciliaires; N : Nerf optique
a : image de A
b : image de B
Cc (trait pointillé) : passage d'un rayon à travers les procès ciliaires.

[526] variée des cônes convergents dus à ces réfractions successives, leur inégalité est telle que leur sommet ne se forme plus toujours à sa surface, mais un peu au-delà. C'est principalement pour cela que l'on voit moins bien les objets éloignés de l'axe optique : « Tous les rayons d'un cône direct se rassemblent sur un seul point de la rétine, ce qui est capital en cette affaire; toutes les lignes des cônes obliques ne peuvent l'être de la même manière, pour les raisons que nous venons d'indiquer; c'est pourquoi l'image devient plus confuse[12]. » On ne saurait mieux insister sur l'importance du stigmatisme.

Kepler ajoute à son étude la fonction qu'il attribue à chacune des parties de l'œil. Il se méprend sur le rôle des procès ciliaires : il croit qu'ils contribuent à augmenter le champ visuel; la lumière venue presque à la perpendiculaire de l'axe optique passerait à travers eux sans même franchir le cristallin, et parviendrait jusqu'au bord de la rétine, où elle provoquerait encore une impression confuse (fig. 15, trait pointillé). En revanche, il mentionne la fonction nutritive de la choroïde, et, conformément à l'exposé optique de la section ultérieure, il comprend que l'iris joue le rôle d'un diaphragme variable selon la force de l'éclairement, ne permettant aux rayons de pénétrer que sous une incidence réduite. De plus, il insiste sur la couleur sombre des différentes enveloppes, ce qui évite les réflexions parasites et recrée intégralement les conditions qui prévalent dans une chambre noire.

LA DÉMONSTRATION DU RÔLE DU CRISTALLIN   [527]

Cette explication du rôle des différentes membranes de l'œil reste, dans cette deuxième section, purement descriptive. Mais la section suivante apporte la nécessaire « démonstration de ce qui, à propos de la manière dont se fait la vision, a été avancé sur le cristallin ». C'est là que se manifestent, avec la plus grande clarté, le soin et la rigueur avec

12 *Ibid.* GW, t. 2, p. 156.

lesquels Kepler assimile l'œil à un dispositif optique complexe – une chambre noire munie d'un dioptre convergent. Son étude est de plus par elle-même d'un grand intérêt, car c'est l'un des premiers cas où l'on peut véritablement parler d'expérimentation, la variation systématique s'y intriquant solidement avec le calcul théorique ; c'est surtout la première fois dans l'histoire de l'optique qu'apparaît le concept même de *convergence*.

« Presque tout ce qui jusqu'ici a été dit du cristallin peut être, au cours d'expériences banales, constaté sur des globes de cristal ou des ballons de verre remplis d'eau limpide[13]. » Les conditions sont faciles à réaliser, puisqu'on peut déjà faire certaines observations en disposant une telle sphère devant une petite fenêtre, dans une pièce ordinaire bien close ; mais il est préférable d'opérer dans la chambre noire décrite au chapitre II. On y constate alors deux ordres de phénomènes, que le mathématicien impérial distingue avec le plus grand soin, y compris au niveau du vocabulaire. Ce sont toujours des figurations des choses extérieures que l'on voit se former, s'évanouir ou disparaître, mais on peut soit les recueillir sur un écran, et il les appelle des « peintures », soit les observer en regardant [528] directement à travers le globe, et il leur réserve alors le nom d'« image[14] ». L'expérimentation consiste à faire varier les conditions d'obtention des unes et des autres. Pour les « peintures », c'est l'écran que l'on déplace ; elles n'apparaissent que si on le dispose derrière la sphère réfringente, et à une distance égale à son rayon ; elles y sont rendues beaucoup plus nettes si, à l'aide d'un diaphragme, on réduit l'orifice par où passe la lumière ; partout ailleurs, elles sont floues, puis très vite inexistantes. C'est l'inverse qui se produit pour l'*imago* qu'on observe en vision directe. Cette fois c'est l'œil qui change de position, et à un rayon de la sphère, la confusion est maximale ; plus près, on aperçoit des images droites et grandes ; plus loin, des images petites et inversées.

Kepler consacre à expliquer géométriquement les phénomènes qu'il a ainsi décrits vingt-huit propositions. Les sept premières – les plus confuses – traitent des « images » que l'on voit par vision directe, et sont ici quelque peu marginales. Nous reviendrons sur elles [dans la dernière section][15] de ce chapitre. En revanche, la démarche adoptée dans

---

13   *Ibid.*, V, 3. GW, t. 2, p. 162.
14   « Définition – Comme jusqu'alors l'image (*imago*) dont on a traité était un être de raison, désormais nous appellerons peintures (*pictura*) les figures des choses existant sur un papier, ou sur l'autre paroi ». *Ibid.* GW, t. 2, p. 174.
15   Voir p. [573-589] = p. 163-174.

les neuf suivantes est capitale : c'est la première analyse sérieuse d'un dioptre convergent, où le concept même et les termes de *convergence* et de *divergence* apparaissent pour la [529] première fois[16] ; il s'y fait jour ainsi les préoccupations qui mèneront au concept de foyer, et le souci de rendre raison du stigmatisme dans la construction de l'image réelle. L'interrogation qui dirige Kepler est, en effet, de savoir à quelles conditions cette image se forme : quand donc et où se réalise la convergence ponctuelle des rayons émis par chaque point de l'objet lumineux.

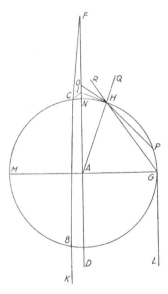

FIG. 16[17].

---

16   L'un et l'autre sont en effet dus à Kepler lui-même. *A.P.O.* GW, t. 2, p. 374 : « J'use, pour plus de brièveté, des termes de converger, diverger, à propos des droites qui, si on les prolonge, concourent en un même point ». (Note sur la proposition **XXIV**). – Dans son *Histoire de la lumière* ([Paris, A. Colin, 1956,] p. 100-105), Vasco Ronchi note que Maurolico avait déjà montré le croisement en un point presque unique de rayons réfléchis par une partie limitée d'un miroir concave (*Photismi*, théorème **XXXV**) et de rayons réfractés dans la sphère cristalline (*Diaphaneon*, théorème **XXIV**). Mais dans les deux cas, il s'agit de l'effet *calorifique* de la concentration de la lumière. Quand il s'agit de la vision, Maurolico se contente de faire remarquer que les lentilles convexes rassemblent (« *in angustum coeunt* ») les rayons, et les lentilles divergentes les dispersent (« *dilatantur* ») – *Diaphaneon*, livre III, *op. cit.*, p. 73. On peut donc affirmer que chez lui le concept de convergence ponctuelle n'est pas acquis à l'optique. Rappelons de plus que Kepler ne semble pas avoir connu l'œuvre de Maurolico.
17   *Kepler Gesammelte Werke*, Munich, Beck, 1939, t. 2, p. 167.

Retraçons dans ses grandes lignes son raisonnement. Considérons la figure 16[18], et supposons que d'un point très éloigné proviennent des rayons lumineux allant frapper un globe rempli d'eau. Ceux-ci formeront, en raison de l'éloignement de la source, un faisceau de rayons sensiblement parallèles ; l'un d'entre eux a un intérêt plus particulier, celui qui passe par le centre A du globe : il est le seul à ne pas être réfracté, [530] puisqu'il arrive normalement à sa surface, et poursuit en ligne droite son chemin ; Kepler le dénomme *axe* et démontre que tous les autres, après avoir subi deux réfractions, à l'entrée puis à la sortie du globe, concourent avec lui (prop. VIII). Ceci est vrai d'un point lumineux très éloigné ; mais si celui-ci se rapproche, que se passe-t-il ? Kepler comprend qu'il tient, avec les intersections des rayons parallèles avec l'axe, des *invariants* qui lui permettent de circonscrire le problème :

> C'est la chose elle-même qui m'oblige à distinguer entre les intersections des rayons non parallèles et celles des parallèles, comme je les nomme dans la proposition XV, ou encore les aboutissements des uns et des autres. C'est pourquoi note bien ceci : les aboutissements des intersections parallèles occuperont toujours la même place par rapport au globe, celles des non parallèles errent d'une extrémité à l'autre jusqu'à l'infini[19].

On peut encore aller plus loin : il existe une limite en deçà de laquelle on ne trouve plus du tout d'« intersection parallèle ». En effet, plus un rayon parallèle à l'axe est distant de lui, plus il se rapproche d'une arrivée tangentielle sur le globe, plus son incidence est grande, et plus il est réfracté (prop. IX). Le dernier, (LG), celui qui arrive tout à fait tangentiellement au globe, subit donc la réfraction la plus forte et coupe l'axe le plus près de lui en O ; ce point O est la limite cherchée, puisque tout [531] rayon plus éloigné de l'axe n'atteindrait même plus le globe. Renversons le problème, en utilisant le principe du retour inverse de la lumière : aucun des rayons émanés d'un point I, situé entre O et le globe, ne peut après s'être deux fois réfracté sur lui, prendre une direction parallèle à l'axe ; il devra donc continuer à diverger (prop. XIII). On reconnaît, dans la manière dont Kepler définit et utilise cette intersection parallèle ultime, la démarche qui le conduit quelques années plus tard à prendre comme invariant le foyer des lentilles.

---

18   *A.P.O.* GW, t. 2, p. 167.
19   *Ibid.*, V, 3 – note sur la prop. XVII. GW, t. 2, p. 374.

On dispose désormais d'un repère pour déterminer quand et où se produit la convergence de rayons émis par une source qui se déplace le long de l'axe :

> 1) Quand un point rayonnant est à une distance infinie, les aboutissements des intersections sont les plus proches à la fois du globe, et entre elles.
>
> 2) Quand le point rayonnant arrive très près de la limite définie ci-dessus, les aboutissements des intersections des rayons non parallèles à l'axe qu'il émet sont à la fois très éloignés du globe, et entre elles.
>
> 3) Les rayons qui traversent parallèlement à l'axe un globe plus dense, sont réfractés deux fois, et concourent avec l'axe en des points également distants du globe[20]. (prop. XVI)

Mais un autre cas particulier est du plus grand intérêt. Les rayons parallèles à l'axe qui sont cette fois non plus les plus éloignés, mais les plus proches de lui, [532] viennent frapper une petite calotte sphérique quand ils atteignent le globe. Sur cette surface réfringente, les incidences restent très faibles, inférieures à 10° ; en vertu de la loi retenue au chapitre IV, on est dans le cas particulier où les angles de réfraction restent sensiblement proportionnels aux angles d'incidence. Ils sont donc tous déviés très faiblement, et de manière comparable ; comme ils sont très voisins les uns des autres, *ils viennent converger sur l'axe pratiquement en un même point.* (prop. XV).

Kepler tire de ces propositions l'explication de ce qu'il a empiriquement constaté dans la chambre noire ; il passe tout naturellement de l'étude de la convergence aux conditions de formation de l'image réelle, et à la manière dont elles se trouvent réalisées par la disposition anatomique de l'œil.

Tout d'abord, puisqu'un point quelconque d'un objet éloigné émet au voisinage de l'axe qui le joint au centre du globe un groupe de rayons venant converger au même endroit, c'est là que va apparaître sa « peinture » quand on y place l'écran. Les autres rayons, plus obliques, se dispersent le long de l'axe, se mêlent à ceux venant d'autres points, et ne peuvent que donner une impression de confusion : c'est pourquoi, en dehors de la zone très limitée où viennent converger les rayons de très faible incidence, la « peinture » se brouille et disparaît.

De plus, si l'on prend maintenant l'objet lui-même en sa totalité, on peut mener de chacun de ses points l'axe qui correspond à celui-ci

---

20 *Ibid.* GW, t. 2, p. 173.

(fig. 17) ; toutes les droites ainsi menées se croisent au centre du dioptre sphérique ; la reproduction qui se forme de l'objet au-delà [533] du globe est donc inversée ; et elle est plus nette en son milieu, puisqu'il faudrait un écran sphérique comme la rétine pour rester à la distance optimale du globe (prop. XX). Quand de plus la source se rapproche, la peinture, en vertu de la prop. XVI, simultanément s'éloigne et s'agrandit (prop. XXI).

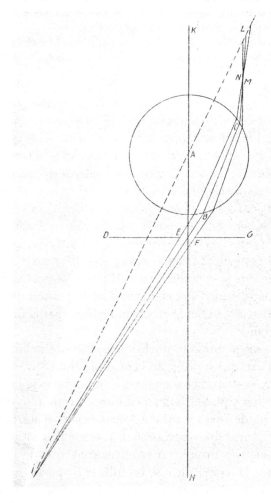

Fig. 17[21].

---

21   *Kepler Gesammelte Werke*, Munich, Beck, 1939, t. 2, p. 177.

Il faut remarquer en outre que si on place un diaphragme devant la sphère remplie d'eau, les rayons parasites à grande incidence sont éliminés, et qu'il ne subsiste pratiquement que des pinceaux de rayons parallèles : la reproduction est en ce cas beaucoup plus nette. De là dans l'œil le rôle de l'iris (prop. XXIII).

On peut encore accroître le stigmatisme : à l'arrière du globe, une section d'hyperboloïde ferait converger les rayons encore plus ponctuellement que la section sphérique ; ainsi s'explique la forme de la face postérieure du cristallin (prop. XXIV).

Enfin, on comprend d'après la prop. XVI que si on approche trop l'objet de l'œil, le cône de rayons qu'il émet converge trop loin derrière la rétine, et que sa [534] « peinture » devienne floue. Il existe donc pour la vision distincte un *punctum proximum* ; il s'y ajoute parfois un *punctum remotum*, au-delà duquel le cône de rayons converge cette fois trop en avant de la rétine (prop. XXVI).

On tient ainsi l'explication, si longtemps attendue, du rôle joué par les verres correcteurs des lunettes : il ne s'agit nullement, comme le pensaient Porta et bien d'autres, d'*agrandir* pour les presbytes les objets proches à l'aide de lentilles convexes, mais de les rendre *distincts* en faisant que les rayons émis par eux se croisent sur la rétine, et non plus derrière elle ; de même les verres concaves aident les myopes à voir au loin, bien qu'ils semblent diminuer les objets, parce qu'ils suppriment la confusion résultant de la convergence trop précoce des rayons en avant de la rétine (prop. XXVIII).

Une découverte restée trois siècles une énigme est enfin éclairée, et Kepler n'en est pas peu fier : « Il est vraiment stupéfiant que la cause de quelque chose d'un usage si courant et si important soit restée jusqu'ici ignorée, au point que j'hésite à l'énoncer, après avoir pourtant trouvé les démonstrations les plus claires... ». L'entreprise n'était pourtant pas si aisée, car, il le sait lui-même, l'explication n'était possible qu'à condition de comprendre le véritable processus de la vision : « Je me suis plus d'une fois exténué à en trouver la cause ; en vain, tant que m'est restée cachée la manière dont se fait la vision[22]. » On ne peut en vouloir à Kepler d'être à ce [535] point satisfait : car avec la découverte

---

22 *Ibid.*, V, 3, prop. XXVIII. GW, t. 2, p. 181. Tout est d'ailleurs encore loin d'être clarifié. Il faut remarquer qu'un cas de presbytie décrit par Kepler semble être un cas d'hypermétropie, et qu'un cas de myopie – le sien – se complique d'astigmatisme.

de l'image rétinienne, il vient en fait de tourner définitivement la page de l'optique antique et médiévale.

Si l'on peut avancer cette affirmation, ce n'est pas seulement en raison du résultat déjà obtenu, et des promesses que recèle la recherche méthodique des conditions de la convergence : elle constitue pourtant un acquis technique capital, qui va sept ans plus tard dans la *Dioptrique* porter tous ses fruits. C'est aussi, c'est peut-être surtout en raison de la profonde transformation intellectuelle qu'implique et que révèle l'assimilation délibérée de l'œil à un dispositif optique, et c'est ce fait beaucoup moins apparent dont nous voulons dans l'immédiat approfondir l'étude. Personne en effet avant Kepler n'avait eu une telle idée, sauf Porta ; personne en tout cas ne s'était à fond engagé dans une telle entreprise. On comprend pourquoi : on tenait pour acquis que la lumière comme telle produit la sensation ; elle était en propre, avec la couleur, le visible. L'œil donc en voyant accomplissait sa fonction vitale essentielle, et le problème était plus, pour utiliser nos propres coupures, physiologique que physique : où, sur quelle membrane, s'effectue la sensation ? De plus, on tenait la réfraction pour un *piège* tendu à la fidélité du regard, une *deceptio visus* au même titre que la réflexion trompeuse des miroirs et les illusions d'optique. Comment aurait-on pu concevoir d'en faire la condition de la vision distincte ? Tout s'opposait à une telle idée. Mais pour mieux comprendre le clivage qui se réalise avec la découverte de Kepler dans les théories de l'optique, il nous faut revenir sur l'histoire du problème de la vision.

UNE COUPURE DANS L'HISTOIRE   [536]
DE L'OPTIQUE

LA VISION SELON LES SOURCES DE KEPLER

Depuis Aristote, on pense que la lumière et la couleur sont les seuls visibles « *per se* » ; la distance, la grandeur, le mouvement et plus généralement toutes les autres propriétés *géométriques* des objets soumis au regard ne sont au contraire des visibles que par accident, puisqu'ils sont perceptibles également par d'autres sens que la vue, comme le toucher ou parfois l'ouïe. Il s'ensuit que l'œil a une fonction tout à fait spécifique :

il est par excellence l'organe sensible à ce qui fait le propre de la vue, la saisie de la lumière et des couleurs. Le reste, la distance par exemple, dans l'estimation de laquelle un Descartes fera intervenir la convergence binoculaire et même l'accommodation du cristallin, est essentiellement affaire de *jugement* : on compare les apparences respectives des différents objets à l'aide de ce qu'offrent la mémoire et les autres sens ; il faut donc qu'intervienne une faculté supérieure qui ne soit liée à aucun sens spécifique, le sens commun ; et même au-delà, l'intellect. L'œil est donc le siège d'une sensation qui n'est pas encore pleinement une perception, et qui pour le devenir doit se transmettre ; il est conçu comme un *relais sensible*. De là un décryptage des données de l'expérience ou de l'observation qui oriente et gauchit à la fois la description anatomique de l'œil, l'analyse du processus optique de la vision, et sa théorie psychologique. [537]

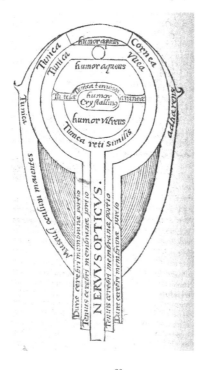

FIG. 18[23].

---

23   Alhazen, *Opticae Thesaurus*, Bâle, 1572. Cliché : université de Strasbourg, Service commun de la documentation (Collection BNU en dépôt à l'Unistra).

Quand on ouvre le volume des œuvres d'Alhazen et de Vitellion qu'a eu entre les mains Kepler, on constate que le schéma de l'œil qui accompagne leur longue et consciencieuse description, et qui est due à leur éditeur Risner, comporte trois inexactitudes majeures (fig. 18) : le cristallin, dont les deux faces sont elles-mêmes symétriques, se trouve exactement au centre du globe oculaire, et non dans sa partie antérieure ; la rétine touche à l'arachnoïde, qui elle-même englobe le cristallin ; enfin le nerf optique débouche dans l'axe de l'œil, et est représenté très large et creux. Alhazen explique en effet que quand l'œil bouge, il pivote en totalité autour de son centre, occupé par le cristallin, et que par conséquent la disposition interne des parties ne change aucunement : en particulier, la pupille et le débouché du nerf optique continuent à se faire face, et l'axe optique à passer en leur milieu[24]. Vitellion de son côté tient aux précisions suivantes : « l'humeur cristalline [538] ou glaciale, qui est en propre l'organe de la faculté visuelle, est située au centre de l'œil [...][25]. » ; la rétine n'est autre qu'un évasement de la tunique interne du nerf optique, « comparable à un entonnoir dont on se sert pour remplir les tonneaux », c'est-à-dire à un tuyau s'ouvrant en demi-sphère[26] ; le trou de la pupille et l'ouverture du nerf optique avant son évasement sont diamétralement opposés ; enfin la concavité hémisphérique du nerf (la rétine), à l'intérieur duquel est placée l'humeur vitrée, est délimitée par le cristallin et enveloppe son pourtour[27]. Le croquis de Risner, « tiré des livres les plus récents d'anatomie » (1572), est donc fidèle aux textes qu'il illustre[28].

La symétrie qu'on impose à la structure de l'œil correspond à la double fonction qu'on lui prête, à la fois physique et psychique. L'hémisphère antérieur s'ouvre par la pupille sur le monde ; il est destiné à laisser passer la lumière et à faire que le cristallin recueille la forme des objets ; les lois qui le régissent sont encore celles de l'optique. Derrière, l'hémisphère postérieur s'ouvre, lui, par le creux du nerf optique, sur le cerveau – à

---

24   Alhazen, livre I, prop. 13, *op. cit.*, p. 6.
25   Vitellion, livre III, prop. 4, *op. cit.*, p. 85.
26   *Ibid.*, p. 86 : en forme de « pyramide ronde concave » écrit-il.
27   *Ibid.*, p. 86-87.
28   À une exception près : les deux faces du cristallin ne sont pas symétriques ; la face postérieure, plane ou très faiblement renflée, n'englobe pas le centre de l'œil ; mais en revanche, celui-ci reste le centre de la calotte sphérique formée par la face antérieure (Vitellion, III, prop. 23 ; Alhazen II, prop. 3).

travers le chiasma très soigneusement décrit, formé par la réunion et le croisement des deux nerfs gauche et droit. C'est le domaine où règnent les « esprits visuels » *(spiritus visorii)* chargés de transmettre la sensation. À la charnière [539] en quelque sorte, le cristallin, organe par excellence de la sensibilité visuelle, est le lieu où se rencontrent rayons de la lumière et esprits de la vision. L'anatomie de l'œil matérialise en quelque sorte la conception symétrique que l'on se fait de sa double fonction.

Dans la phase optique du processus, la grande question que se posent Alhazen et surtout Vitellion est celle de la restitution de l'ordre du visible. Ils ont prouvé que l'œil n'émet pas de rayon visuel, comme le pensait Euclide, mais que c'est au contraire la lumière qui pénètre en lui. Mais comment peut-il discriminer entre tous les rayons qu'il reçoit, et qui sont une infinité ; comme se fait-il que la vue provoque l'impression non d'une lueur indistincte mais d'un spectacle ordonné ? Il faut rendre compte à la fois de la netteté et de la fidélité de la représentation, en l'absence de la quasi-palpation du regard que représentait la théorie de l'émission. Leur réponse est que seuls sont perçus les rayons qui joignent directement en droite ligne, sans subir de réfraction, l'objet au centre de l'œil ; donc seulement ceux qui, pénétrant par la pupille, viennent toucher le cristallin perpendiculairement à sa face antérieure ; tous les autres, tous ceux qui parvenant trop obliquement ont subi une réfraction sur la cornée, sont exclus de la sensation[29]. Ils insistent sur le fait qu'ainsi à chaque point de la chose correspond un point et un seul de la forme reçue. L'ensemble de ces rayons « directs » définit un cône de vision dont le sommet est le centre de l'œil et dont la génératrice s'appuie sur la circonférence de la [540] pupille et se prolonge à l'infini. À l'intérieur de ce cône, tout objet envoie en direction du centre de l'œil un groupe de rayons qui dessine sur la face antérieure du cristallin une silhouette semblable à la sienne[30].

Cette règle de l'incidence perpendiculaire est caractéristique, et mérite qu'on s'y arrête. Elle fera autorité jusqu'à Kepler. Il faut remarquer qu'elle ne correspond nullement à un processus physique ordinaire[31]. Dans aucun autre cas, que ce soit celui de la réflexion ou de la réfraction, on

---

29   Alhazen, I, 18, *op. cit.*, p. 9. Vitellion, III, 17, *op. cit.*, p. 92.
30   Vitellion, III, prop. 18, *op. cit.*, p. 93.
31   Alhazen, I, prop. 30, *op. cit.*, p. 93 : « L'humeur cristalline reçoit la lumière et la couleur autrement que les autres corps transparents ».

ne peut tenir pour annulés les rayons d'incidence oblique ; jamais non plus l'image se localise invariablement, quelle que soit la distance de l'objet, sur la surface réfléchissante ou réfringente. Aussi bien ne s'agit-il pas ici d'une image au sens propre du terme, identique à celles que l'on voit effectivement ; on a affaire à tout autre chose, à la *réception d'une forme* faisant naître une sensation, et dont les règles de constitution sont très naturellement différentes. Même dans sa partie optique, l'œil fonctionne donc de manière spécifique, en tant qu'organe sensible.

Passons maintenant à la phase proprement sensorielle de la vision. Il ne suffit pas que le cristallin reçoive dans de bonnes conditions la forme de l'objet ; celle-ci doit ensuite être sentie et transmise jusqu'au siège des facultés contribuant à la perception. Cette seconde étape, tout aussi essentielle, s'effectue dans l'hémisphère interne de l'œil : l'humeur vitrée, le nerf et bien sûr avant tout [541] le cristallin, lieu par excellence de la sensibilité visuelle, où la forme en s'imprimant optiquement suscite l'impression psychique. Cet usage doublement métaphorique du terme d'*impression* exprime le mieux l'intuition rectrice des opticiens de ce temps : leur réalisme exigeait que la forme visible fût d'ores et déjà constituée, et commençât un voyage où elle pût se présenter intacte et dans ses couleurs naturelles aux instances chargées de l'appréhender et de la juger. Ainsi Alhazen explique que la forme de l'objet se fixe sur la face antérieure du cristallin ainsi que dans son épaisseur, quoique faiblement et de manière transitoire (I, prop. 25) ; celui-ci se colore en profondeur sous l'action de la lumière (I, prop. 30) ; enfin commence un voyage qui se poursuit jusqu'au cerveau : « cette forme passe de la surface à l'intérieur du cristallin ; de là au corps subtil, qui se trouve dans la concavité du nerf ; ensuite à la partie commune du nerf, et avec sa venue dans cette partie commune la vision se parachève, car grâce à la venue de cette forme la faculté sensitive suprême comprend les formes des choses visibles » (I, prop. 26). Il s'agit donc bien, dans la phase de transmission, du transport d'une « forme » qui garde tous les attributs du visible bien qu'elle ait cessé d'appartenir au monde visible.

Vitellion est encore plus précis, et, dans sa confusion même, plus éclairant sur la manière dont on concevait la sensibilité. Non seulement il décrit lui aussi la forme transmise comme conservant figure et couleur, mais, pour expliquer sa transmission, il fait également obéir aux lois de l'optique les « *spiritus visorii* » que délègue à cet [542] usage la vertu sensitive. Les « esprits visuels » prennent ainsi le relais de la lumière, et s'en imprègnent à ce point qu'ils en deviennent en quelque sorte le double sensitif. C'est qu'en son fond le problème reste optique : il faut éviter avant tout de bouleverser ou de pervertir la forme dont s'est pénétré le cristallin ; et pourtant la faire parvenir sans brouillage ni inversion jusqu'à la partie antérieure du cerveau où se rejoignent les deux nerfs optiques, et où siège la faculté visuelle « sentant et jugeant tout visible » car « il est nécessaire que le connaissable toujours s'unisse au connaissant lui-même » (III, 20).

Rien ne peut mieux assurer un tel contact qu'un processus analogue à celui qu'observe cet intermédiaire qu'est elle-même la lumière. Si les rayons qui pénètrent dans l'œil parvenaient jusqu'à son centre, ils se croiseraient et l'image serait inversée. Il faut donc situer le cristallin légèrement en avant de ce point, avec sa face antérieure dessinant autour de lui presque un demi-cercle ; mais comme sa face postérieure est plane ou à peine bombée, elle passe devant lui et reste dans la partie antérieure de l'œil. Par conséquent les rayons pénétrant directement dans le cristallin ne parviendront jamais jusqu'au centre de l'œil ; avant, ils subiront – ou plutôt les esprits qui les relaient, Vitellion n'est pas clair – une réfraction sur la face postérieure du cristallin, sur laquelle ils arrivent obliquement. Cette réfraction les rapprochant de la perpendiculaire les transforme en un faisceau s'engouffrant droit dans la large ouverture du nerf optique, dont on comprend ainsi l'anatomie et la localisation. Ils parviennent [543] alors par le chiasma jusqu'à la faculté sensitive suprême « qui à partir de l'illumination du corps saisit sa lumière, et à partir de sa coloration sa couleur, puisque leurs formes lui sont transmises et s'impriment en elle[32] ». Rien d'autre que le processus ainsi décrit ne peut mieux illustrer combien la conception réaliste de la connaissance est au Moyen Âge liée au réalisme des qualités sensibles. Ni le transport de l'image n'est assimilable à notre transmission nerveuse, ni le regard instruit que jette sur elle la faculté sensitive suprême à notre prise de conscience. Rien n'est équivalent à notre phase physiologique de la perception. Les choses se donnent par leur image, et leur saisie par l'âme est un redoublement psychique du regard. Et quand il s'agit de la vue, le processus sensitif est un redoublement interne du processus optique.

---

32   Vitellion, III, prop. 22, *op. cit.*, p. 95.

Alors commence la troisième phase de la perception. La faculté sensitive suprême est en présence de lumières et de couleurs, disposées selon
une certaine forme. Or la vue nous livre sur les objets un enseignement
beaucoup plus riche et diversifié que ces deux « visibles » par soi. Elle permet d'apprécier leur distance, leur relief, leur grandeur… Mais ces traits
ne sont pas l'apanage de la seule faculté visuelle ; le tact, parfois l'ouïe,
ou même l'odorat, peuvent aussi les déceler. Ils sont l'apport possible
de plusieurs sens, et dépendent en fait de ce que l'âme retient de ce qui
s'offre à elle. Vitellion, à la suite d'Alhazen, recense ainsi en dehors des
deux précédentes, [544] qui sont propres à la vue, vingt « intentions »
fondamentales, car toutes les autres peuvent s'y ramener : la distance,
le lieu, le volume, la forme, la grandeur, la continuité, la discontinuité,
le nombre, le mouvement, le repos, la rugosité, le poli, la transparence,
l'opacité, l'ombre, l'obscurité, la beauté, la laideur, la ressemblance et
la dissemblance[33]. Nous les citons toutes, car elles attestent des liaisons
conceptuelles qui ne sont plus les nôtres. Rien en dehors de la couleur
et de la lumière n'est justiciable du seul fonctionnement des organes de
la vue ; il est donc possible de mettre sur le même plan la perception de
la distance et celle de la beauté : c'est que l'une et l'autre résultent en
tant que telles d'un *jugement* où cesse d'intervenir la sensibilité visuelle
proprement dite.

Soit par exemple le cas de la distance. De son appréciation dépendent
celles du lieu, de la forme, de la grandeur… Alhazen en rend compte en
deux propositions : tout d'abord, le sens commun comprend que l'objet
est éloigné, n'est pas intérieur à l'œil, parce qu'il disparaît quand on
ferme celui-ci ; et il estime la grandeur de cet éloignement en comparant
la taille de l'objet à celle de ceux qui l'en séparent et qui sont déjà
connus par ailleurs[34]. Vitellion reprend les mêmes idées et insiste tout
comme lui sur l'intervention des facultés intellectuelles : « Parce que
dès qu'on ouvre les yeux on aperçoit les choses situées devant eux, et
dès qu'on les ferme ou qu'on ôte les choses de devant eux, on cesse de
les voir : la raison conclut que [545] ce à quoi il arrive d'être ainsi en
vue en un certain lieu, et de ne pas le rester quand on l'en retire, n'est
pas interne à la vue : elle vient donc de l'extérieur, d'un corps existant
hors du siège de la vue et ne le touchant pas ; il y a donc une distance

---

33 Alhazen, II, prop. 15, *op. cit.*, p. 34. Vitellion y consacre son livre IV.
34 Alhazen, II, prop. 24 et 25.

entre le siège de la vue et la chose qu'on voit[35]. » Cet éloignement, il faut encore l'apprécier ; et la privation de contact ne suffit pas : « Aucune distance, quel que soit l'objet que l'on voit, n'est saisie par le seul sens de la vue, même avec l'aide de la vertu distinctive, si ce n'est celle qui concerne des corps disposés en ordre continu, et dont l'éloignement est médiocre. » La vertu distinctive peut en effet dans ce seul cas comparer de proche en proche la distance des objets qui séparent l'œil de la chose qu'il vise. Ainsi on se rend compte en montagne que les nuages sont près de la Terre, alors qu'en plaine on croit qu'ils touchent le ciel[36]. Les mécanismes physiologiques de la vision n'interviennent donc aucunement dans l'appréciation des distances même faibles. On le conçoit aisément pour l'accommodation, qui n'est encore ni connue ni même soupçonnée ; mais c'est également vrai de la convergence binoculaire, qui n'est évoquée par Vitellion que pour expliquer comment on comprend qu'un objet est situé en biais par rapport à la direction du regard[37] ; et une fois encore, cette impression est décrite comme résultant d'un véritable [546] calcul trigonométrique[38].

Le jugement de perception résulte donc de l'intervention successive d'une série d'instances diversifiées. Outre le sens de la vue proprement dit, qui saisit l'image, et la faculté visuelle qui synthétise l'apport respectif de chaque œil, y collaborent le sens commun, qui compare le résultat avec les données des autres sens, la mémoire, qui permet de reconnaître les objets et de se rappeler leurs caractéristiques, l'imagination, qui se représente les diverses identifications possibles, enfin l'intellect qui raisonne sur toutes ces données, et sur celles qui exigent une triangulation éventuelle. On décrit la vision normale d'après les opérations effectuées par un navigateur qui aborderait une côte inconnue, c'est-à-dire comme une opération intellectuelle complexe. L'analyse de la *perception* s'identifie ainsi à celle de la *connaissance* ; et le problème de l'aperception se pose si peu, qu'on parle toujours en troisième personne de la hiérarchie des instances de compréhension, que ce soit la faculté visuelle, le sens commun, la raison... On estime avoir résolu le problème de la vision

---

35   Vitellion, livre IV, prop. 9, *op. cit.*, p. 121.
36   *Ibid.*, prop. 10, p. 121.
37   *Ibid.*, prop. 12, p. 123.
38   Dans les propositions qui suivent immédiatement son analyse de la distance, Vitellion jette les fondements de la perspective. On voit combien celle-ci est liée à une théorie purement intellectualiste de la perception.

quand on a décomposé les phases *logiques* de la reconnaissance des objets, qu'on leur a fait correspondre autant de facultés spécifiques, et qu'on les a topologiquement différenciées en leur assignant un site propre dans l'espace oculaire, nerveux et cérébral. En dehors de la lumière et de la couleur, seuls visibles proprement dits, tout ce que la vue [547] livre d'autre sur la chose n'est pas dû à l'organe des sens, mais à un jugement complexe où interviennent toutes les facultés supérieures. Le réalisme des qualités sensibles a ainsi pour corollaire une conception intellectualiste de la perception.

LES CONSÉQUENCES SUR LES CONCEPTS DE L'OPTIQUE

La valeur réaliste concédée à l'impression visuelle de luminosité et de coloration commandait donc les fondements de l'optique, et ceux-ci déterminaient la théorie de la connaissance sensible ; mais réciproquement cette théorie orientait le développement de l'optique, et régissait certains de ses concepts fondamentaux. Si en effet la distance, la localisation, la forme, le relief de l'objet résultent d'un jugement, alors ce que nous appelons nous des illusions d'optique sont en fait des erreurs intellectuelles : c'est pourquoi Vitellion, tout comme Alhazen, en traite dans le même livre et à leur suite. Ce sont là des *deceptus visus*, des pièges tendus par le visible aux instances psychiques qui le jugent, et qui en sont les victimes. Mais il y a mieux : tout le plan d'un livre d'optique est commandé par ce concept de *deceptus visus*. On débute toujours par l'analyse de la vision normale[39], et on enchaîne avec les méprises qui s'y font jour ; on poursuit ensuite l'exposé [548] systématique de ces méprises, mais cette fois quand la vision, au lieu d'être directe, est indirecte et trompée par réflexion ou réfraction. L'ordre est invariable : Alhazen consacre aux images formées dans les miroirs ses 4e, 5e et 6e livres, et le 7e à celles qui résultent de l'interposition d'une surface réfringente. Vitellion fait de même respectivement dans ses livres V à IX, et dans son livre X. C'est que l'image que renvoie un miroir ou que l'on voit dans l'eau est d'emblée tenue pour une méprise : bien qu'on puisse expliquer géométriquement sa situation, sa forme, sa grandeur, elle est essentiellement ce qui *trompe le jugement* en lui faisant croire que

---

39   Alhazen aux livres I, II et III ; Vitellion aux livres III et IV, mais le premier est un avant-propos géométrique et le second établit seulement le fait de la propagation rectiligne.

l'objet est là où il n'est pas, et souvent dans une configuration qui n'est pas la bonne, avec une taille qui n'est pas la sienne[40].

Un concept fondamental a ainsi un statut dont nous ne soupçonnons même plus la dévalorisation. L'optique classique l'a en effet complètement transformé. Pour elle, le reflet que nous saisissons dans un miroir résulte de l'image qui s'en forme sur notre rétine, et cette image est due à la convergence effective de rayons lumineux, quel que soit leur trajet antérieur ; ce que nous voyons par réflexion obéit exactement aux mêmes lois, et a le même fondement objectif, que ce que nous regardons directement. L'image spéculaire a donc sans ambiguïté un statut physique, et il est possible d'en traiter sans aucune référence au psychisme de celui qui la perçoit. Il n'en allait pas du tout de même au Moyen Âge : en tant que *deceptus visus*, que piège dans [549] lequel étaient tombés avec la faculté visuelle le sens commun et l'intellect, elle était d'abord une apparence, un non-existant prenant l'allure d'un existant, bref une *illusion* ; ou, comme on disait alors, un être *intentionnel*, dépourvu de réalité autre que psychique. Il en allait bien entendu de même de l'image réfractée.

Cette conception d'ensemble de l'optique, comme science du visible et des méprises qu'il entraîne – presque comme pédagogie à la rectitude du jugement de sensation – a eu plusieurs autres conséquences techniques. L'idée que le cristallin discrimine les rayons qui lui parviennent en oblique de ceux qu'il reçoit de face, et ne perçoit que les seconds parce qu'ils n'ont subi aucune réfraction, s'en trouve renforcée par une sorte de circularité conceptuelle. Pour Vitellion, la vision d'un objet à travers une surface réfringente externe à l'œil, et la pénétration dans l'œil des rayons par réfraction sur ses membranes transparentes, sont deux variantes d'un même phénomène quasi parasitaire. L'opposition pertinente est celle de la vision « directe », où les rayons arrivent droit sur l'œil, sans subir aucune réfraction hors de lui ou en lui, où chaque point de l'objet a donc sur le cristallin son correspondant restitué dans l'ordre exact de l'émission, et où par conséquent la vision est toujours fidèle ; et la vision « oblique » qui englobe tous les autres cas, et est toujours plus ou moins fautive. Ainsi la proposition 17 du livre III, qui traite de la vision, explique : « La vision distincte se fait seulement selon les lignes menées perpendiculairement

---

40   Vasco Ronchi a insisté à juste titre sur les conséquences scientifiques ruineuses de la défiance qui en résulte à l'égard du sens de la vue. *Histoire de la lumière, op. cit.*, p. 53-54. Et : *L'optique, science de la vision, op. cit.*, p. 30-32.

des points de la chose vue à la surface de l'œil. » C'est pourquoi [550] on ne voit vraiment bien que ce qu'on a en face de soi : « On dit qu'une forme parvient directement à la vue, quand la droite menée d'elle au centre de la pupille est perpendiculaire à la surface de l'œil. » (livre IV, déf. 1) Or, dans le livre X, qui traite de ce qu'on voit par réfraction, Vitellion assimile explicitement cette vision directe et plus nette à la vision *sans réfraction* : « On dit qu'on voit directement, comme il a été dit plus haut dans la première définition du livre IV, quand la forme de la chose vue parvient sans réfraction au siège de la vision. » (déf. 11) En réciproque, la vision oblique englobe tous les cas de réfraction, qu'ils se produisent à l'extérieur ou à l'intérieur de l'œil : « On dit qu'on voit obliquement, quand la forme de la chose vue parvient par réfraction au siège de la vision. » (déf. 12) La réfraction était toujours donc liée à une vision viciée.

Conçue comme génératrice d'illusion, d'erreur ou d'imprécision, la réfraction ne pouvait donc sans paradoxe être seulement envisagée comme le moyen de la vision distincte. C'est sans doute la raison pour laquelle les verres correcteurs sont si longtemps restés sans faire l'objet d'une étude sérieuse : on les tenait au mieux pour un artifice compensant une défaillance par une autre. Même Porta, qui pourtant s'étonne qu'une chose si importante soit demeurée inexpliquée, perpétue bien des traits de l'attitude traditionnelle. La place qu'il assigne aux phénomènes qu'il rapporte dans sa *Magie Naturelle* est très caractéristique de cette permanence : faire apparaître des images dans la chambre noire ou par réfraction relevait tout à fait normalement de la prestidigitation, en tout cas du maniement habile de l'illusion. Le nouveau est qu'il prenne au sérieux ce qu'enseigne [551] cette illusion, et c'est là son mérite ; il ne peut aller pourtant jusqu'à considérer la réfraction, malgré l'importance qu'il lui accorde, comme liée essentiellement au processus de la vision distincte. Dans son *De refractione* de 1593 (que Kepler a cherché en vain à se procurer sans jamais y parvenir), il réaffirme à nouveau que « la vision se fait par réception d'une image » sur le cristallin selon le modèle de la chambre noire (livre IV, prop. I). Mais il se représente cette image, à la manière des Épicuriens, comme globalement convoyée par la lumière, réfléchie ou directe (livre IV, prop. II et III)[41]. Il reste donc très en deçà de l'exigence d'une restitution ponctuelle de l'objet, si forte chez

---

41   Prop. II : La lumière secondaire (réfléchie) nous transmet des images. Prop. III : Le flux
     lumineux à travers l'air transmet des images.

Vitellion, même s'il adopte à sa suite la règle du rayon perpendiculaire à la surface de l'œil et fait comme lui du cristallin l'organe de la sensibilité visuelle. Ces prémisses le conduisent de manière caractéristique à affirmer qu'en dehors de l'axe de l'œil, ou du cône formé par le centre de l'œil et la pupille, le lieu, la grandeur, l'agencement de l'image sont *toujours déformés* par la réfraction qu'elle subit en arrivant trop obliquement sur la cornée. Il en tire le thème de son insipide livre V : il y énumère sans se lasser toutes les occasions imaginables – paysages, spectacles, etc. – où ce qu'il y a à regarder excède le cône de vision distincte telle qu'il l'a définie ; et – suprême aboutissement du concept de *deceptus visus* – il en conclut contre toute évidence que dans tous les cas qu'il cite [552] on n'y voit jamais bien.

On ne saurait donc sous-estimer l'originalité de Kepler : il a l'audace de s'opposer à deux évidences séculaires. En assimilant l'œil à un dispositif optique complexe, soumis aux mêmes lois que n'importe quel autre assemblage de membranes transparentes, il en finit d'abord avec l'idée qu'il s'agit essentiellement d'un organe sensitif régi par des lois particulières. Une fois de plus, il unifie le domaine de la nature en présupposant son homogénéité *physique*. Cela ne s'est pas fait sans mal : il explique que l'inversion de l'image l'a beaucoup gêné, et qu'il s'est longtemps torturé à tenter de prouver qu'elle subissait dans l'humeur vitrée une seconde inversion la faisant redevenir droite. Jusqu'au moment où il se rendit compte que c'était à la fois optiquement impossible et psychiquement inutile : car il se serait produit ce que l'on remarque dans les miroirs, où la gauche de l'objet devient la droite de l'image ; alors que l'inversion sur la rétine étant complète, la disposition respective des parties de l'objet se trouve fidèlement rendue par l'image[42]. Il a donc dû, pour réduire l'œil à ses seules propriétés optiques, se débarrasser du présupposé qu'il était un organe de la sensibilité, soumis de ce fait à des lois spécifiques.

La seconde évidence à laquelle il s'oppose est celle du caractère essentiellement fallacieux de la réfraction. Il fallait beaucoup d'audace et de rigueur pour expliquer que la vision normale se fait toujours grâce à elle. [553] Ce qui trouble la vue devenait ainsi ce qui la rend possible, et de piège se faisait instrument. La profondeur du mathématicien impérial ne sera pas immédiatement comprise ; on ne saisira pas tout de suite la nécessité de démontrer la formation de l'image rétinienne par convergence

---

42 *A.P.O.*, V, 4. GW, t. 2, p. 185.

de rayons à l'origine divergents. Encore en 1619, un lecteur de Kepler aussi averti que Scheiner ne remarque pas l'importance qu'il accorde aux faisceaux de rayons, se contente de les suivre à l'état isolé, et s'enferre ainsi dans des démonstrations fort douteuses pour expliquer la formation d'une image dont par ailleurs il constate visuellement l'existence[43]. C'est que depuis toujours le problème du stigmatisme était résolu soit par pétition de principe, soit par prétérition : on tenait pour acquis que le lumineux était *ipso facto* du visible ; il suffisait donc à un rayon d'être convenablement reçu pour restituer en quelque sorte sa visibilité. Il fallait sans doute, pour rompre avec cette évidence de l'adéquation du lumineux et du visible, toute la réflexion sur la lumière impliquée par le premier chapitre de l'*Astronomiae Pars Optica*, qui fait d'elle une entité physique distincte provoquant la vision, mais ne s'y réduisant pas.

Même Kepler pourtant ne va pas jusqu'au bout de la démarche objectivant le statut de l'image. Il distingue avec soin, avons-nous remarqué, les « peintures » qu'il peut recueillir sur un écran, des « images » accessibles seulement à la vue. Rappelons les définitions qu'il en donne : « Comme jusqu'alors l'*imago* était un être de raison *(ens rationale)*, [554] désormais nous appellerons *pictura* les figures existant sur un papier, ou sur l'autre paroi[44]. » S'il insiste sur la réalité des secondes, il estime au contraire que les premières ont une existence mixte précaire, liée sans doute à des processus optiques, mais aussi à des phénomènes psychiques. Rappelons qu'il fait même sienne la tradition qui consiste à voir dans l'image virtuelle un *deceptus visus* :

> Définition : Les opticiens parlent d'image, quand on voit la chose même, avec ses couleurs et l'agencement de ses parties, mais en un autre lieu, et parfois avec un changement de grandeur et une modification des proportions.
> En bref, l'image est la vision de quelque chose, liée à une erreur des facultés qui concourent à la vision. L'image donc par elle-même n'est rien ou presque ; on doit plutôt l'appeler imagination. Elle est composée d'espèces réelles de couleur et de lumière, et de quantités intentionnelles[45].

Cette conception n'est pas seulement verbale ; on pourrait multiplier les citations où il la met en œuvre, avec la confusion qu'elle engendre[46].

---

43 *Oculus...*, *op. cit.*, Livre II, 2ᵉ partie.
44 *A.P.O.*, V, 3. GW, t. 2, p. 174.
45 *Ibid.*, III, 2, Déf. 1. GW, t. 2, p. 64.
46 Voir ci-dessous, p. [573-589] = p. 163-174.

Mais si l'on admet la différence qu'il établit, il est logique avec lui-même. Il ne traite pas du tout de la même manière la formation d'une « peinture » et celle d'une [555] « image ». Pour la première, il s'attache toujours à démontrer comment, point par point, elle résulte du croisement de rayons convergents. Pour la seconde, il remonte également à ses causes, c'est-à-dire à la vue : il la localise à l'aide de la convergence binoculaire, selon le procédé qu'il a utilisé au chapitre III pour parfaire la théorie des images réfléchies et réfractées. On comprend quel chemin ont encore à parcourir les « opticiens » pour parvenir au concept d'*image virtuelle*. Tant que la distinction entre *pictura* et *imago* recouvrira une opposition ontologique, ce sera impossible. L'obstacle a ici une dimension philosophique, qui trouve son origine dans les théories médiévales de la vision.

LE DÉPLACEMENT DU PROBLÈME DE LA VISION   [556]
ET SES CONSÉQUENCES ÉPISTÉMOLOGIQUES

LE PROBLÈME SELON KEPLER

Si Kepler ne va pas jusqu'au bout de sa démarche objectivante, c'est peut-être qu'il est lui-même fort embarrassé de sa découverte, qui le place devant un problème insoluble : comment passer de la peinture qui se forme réellement sur la rétine à l'impression visuelle proprement dite ? Rappelons les termes dans lesquels il le pose, car ils sont particulièrement révélateurs :

> Comment cette reproduction *(idolum)* ou cette peinture se lie aux esprits visuels qui résident dans la rétine et dans le nerf ; savoir si c'est par ces esprits qu'elle est amenée à travers les cavités du cerveau devant le tribunal de l'âme ou de la faculté visuelle, ou si au contraire c'est la faculté visuelle qui, comme un questeur délégué par l'âme, descendant du prétoire du cerveau jusque dans le nerf optique et la rétine comme jusqu'à ses derniers bancs, s'avance au-devant de cette reproduction ; cela dis-je, je laisse aux physiciens le soin d'en décider[47].

Kepler ne cessera de revenir sur cette question, sans jamais en modifier les termes essentiels. Dès 1611, il la réitère dans sa *Dioptrique*, et avance

---

47   *A.P.O.*, V, 5. GW, t. 2, p. 151-152.

plusieurs hypothèses[48]. Toutefois en 1619, dans un passage de l'*Harmonie du Monde* que nous avons déjà cité, il doit reconnaître son échec et son complet dénuement pour y répondre[49]. C'est qu'avec la découverte [557] de l'image rétinienne, quelque chose s'est brisé définitivement dans l'ancienne explication de la vision. Or, il n'est pas douteux que Kepler part de cette ancienne explication et en réutilise les concepts essentiels. Le contraire serait étonnant, puisque la théorie qu'il professe de la perception et que nous avons analysée [ailleurs][50], est tout à fait semblable à celle qui se dégage des textes de Vitellion : mêmes « esprits » convoyant jusqu'au cerveau une représentation préconstituée et choséifiée ; même jugement de cette représentation par des instances diversifiées, sens spécifique, sens commun, intellect, avec le concours de la mémoire et de l'imagination ; même description en troisième personne, où le sujet conscient est toujours présupposé. On reconnaît dans le texte ci-dessus les mêmes éléments, avec toutefois un embarras fondamental, celui de la transformation de la donnée optique en donnée psychique. Nous nous demanderions, nous, comment on passe de l'image rétinienne à l'image mentale. On aurait tort de traduire ainsi la question keplérienne, car elle prend la forme d'une alternative d'un tout autre type : est-ce l'image qui monte vers l'âme, ou l'âme qui descend vers elle ? Et en ce cas, s'agit-il vraiment de l'âme, ou simplement de la faculté visuelle ? La difficulté est bien pour lui celle d'une *transmission*, placée sous la catégorie du *contact*.

On comprend pourquoi, quand on examine le schéma de l'œil que proposait Risner. Le processus sensitif y redouble, avons-nous dit, le processus optique. Vitellion applique au cheminement des esprits les mêmes lois qu'à celui des rayons ; de plus, ils ont avec eux une homologie

---

48   *Dioptrique*, prop. LXI. GW, t. 4, p. 372.
49   [*Cf. Structures de pensée et objets du savoir chez Kepler*, chap. VI, section III, 2°, *op. cit.*, p. 358. Gérard Simon y cite le passage suivant de l'*Harmonie du Monde*, IV, 7 (GW, t. 6, p. 274) : « Il subsiste encore une question que n'ont pas encore traitée les Physiciens bien que je la leur aie publiquement posée : comment la peinture de la chose vue, dont j'ai montré la formation sur la rétine, peut-elle de là à travers les régions opaques du corps être reçue à l'intérieur jusqu'au sanctuaire de l'âme ? L'âme sort-elle à sa rencontre ? Et tout ce qui tourne autour de cela. Et j'avoue franchement quant à moi que la vision m'embarrasse plus que la perception (par l'âme de la Terre) de l'angle des rayons : car il me semble pouvoir sur la seconde balbutier quelque chose de pas trop inepte, alors que sur la première je reste tout à fait muet. » Sauf erreur, ce passage n'a pas été repris dans *Kepler astronome astrologue*. *NdE*]
50   [*Cf. Structures de pensée et objets du savoir chez Kepler*, chap. VI, *op. cit.*, p. 316-385 = *Kepler astronome astrologue*, *op. cit.*, p. 212-229. *NdE*].

[558] de nature qui les rend capables de s'imprégner de lumière et de couleur (nous avons montré [ailleurs] que cette homologie est également reconnue et même consciemment élaborée et systématisée par Kepler)[51]. Mais ce redoublement du processus optique n'est possible qu'en raison de la symétrie des deux parties de l'œil : il faut, pour qu'il soit concevable, que le siège de la sensibilité soit le cristallin, où s'opère la transmutation des rayons en « esprits ». Derrière lui, la transmutation une fois opérée, les « esprits » désormais lumineux et colorés se propagent à travers le milieu transparent qu'est l'humeur vitrée, et sortent par le large canal du nerf optique, tout comme les rayons étaient entrés par l'ouverture de la pupille qui lui est diamétralement opposée. Ils poursuivent leur chemin le long du canal interne également transparent du nerf au moins jusqu'au chiasma qu'il leur est sans doute difficile de franchir : mais ne peut-on penser que c'est là que réside au moins la faculté visuelle, au confluent de l'apport des deux yeux ? Tous les auteurs d'optique semblent partager cette intuition rectrice. Encore en 1575, un Cornelius Gemma, qui est médecin, imagine deux cônes symétriques dont le sommet est le centre du cristallin ; l'un a pour base l'objet externe, et est constitué de rayons ; l'autre s'enfonce en direction du nerf, et est composé d'esprits[52]. De telles représentations deviennent impossibles quand l'image se forme sur la rétine, et donc au *fond* de l'œil.

[559] Pour justifier sa découverte, Kepler est donc obligé de critiquer la conception de ses prédécesseurs. L'opticien ne peut aller plus loin, dit-il, que la paroi opaque (le terme revient comme un leitmotiv) où s'achèvent les milieux transparents de l'œil. L'hypothèse de Vitellion n'est pas tenable : on ne peut appliquer les lois de l'optique au chiasma, qui se trouve dans des régions opaques et obscures ; on ne peut même pas les appliquer au canal du nerf, trop étroit, trop tortueux, et donc lui aussi déjà trop obscur. Il est par conséquent certain qu'aucune image optique ne va si loin. S'il en est ainsi, il faut concevoir les esprits comme *génériquement* (« *toto genere* ») différents des rayons : « ils ne sont pas un corps optique » ; tout au plus peut-on en tant qu'opticien affirmer qu' « ils pâtissent de la couleur et de la lumière, et que cette passion

---

51 [Voir note précédente. *NdE*].
52 *A.P.O.*, V 4. GW, t. 2, p. 187. Le traité de Gemma, *Ars cosmocritica*, se trouve dans son *De naturae divinis characterismis, seu raris et admirandis spectaculis* [Antverpiae, Ex Officina Christophori Plantini, 1575].

est pour ainsi dire une sorte de coloration et d'illustration » ; ce sont eux qui provoquent l'impression visuelle, qui « elle-même n'est pas optique, mais physique et admirable[53] ». (Rappelons que le domaine du « physique » est celui des naturalistes et des médecins). Il n'y a par conséquent pas plus de difficulté à admettre que l'image se peint au fond de l'œil sur la rétine que de la faire se former sur le cristallin. Dans l'un et l'autre cas, le problème de sa transmission jusqu'au siège de la faculté visuelle reste entier.

Il faut remarquer ici quel type de raisons pousse Kepler à reconnaître la spécificité de la transmission sensible. Elles s'insèrent rigoureusement dans les schèmes catégoriels que nous avons déjà analysés à propos de l'astrologie, [560] de la psychologie et de la théorie de la lumière[54]. Les concepts qu'il avance sont régis par des catégories concrètes – dont les deux fondamentales sont dans ces textes l'opposition du lumineux et de l'obscur, et celle de l'opaque et du transparent. Les équivalents trop fidèles de rayons lumineux ne pourraient ni cheminer dans des régions obscures, ni traverser des parois opaques. Aussi va-t-il jusqu'à se demander, dans sa *Dioptrique*, si les esprits doivent bien emprunter le trajet du canal nerveux, ou s'ils sont assez subtils pour se répandre à travers tout le corps et parvenir directement jusqu'au cerveau ; quoiqu'il soit plus vraisemblable que les nerfs en soient à ce point remplis qu'ils jouent le rôle d'instrument privilégié[55]. Il ne faut donc pas ici trop moderniser Kepler, et croire qu'ayant découvert l'image rétinienne, il se pose d'emblée le problème de l'image mentale. Ce qui l'embarrasse est en fait l'*interruption* évidente après la rétine du processus optique, et la *dissemblance* entre ce qui se passe dans l'œil transparent et la région opaque et obscure qui lui fait suite.

C'est si vrai qu'il trouve moins de difficulté à se passer complètement d'organe sensoriel qu'à surmonter cette dissemblance. Rappelons ici que s'il « reste tout à fait muet » sur la transmission de l'image rétinienne jusqu'à l'âme humaine, il est beaucoup moins embarrassé pour rendre compte de la perception des rayons stellaires par l'âme de la Terre : nous avons montré[56] comment dans ce dernier cas il peut,

---

53 *A.P.O.*, V 2. GW, t. 2, p. 152.
54 [Voir *Kepler astronome astrologue, op. cit.*, p. 195-211. NdE]
55 *Dioptrique*, prop. LXI. GW, t. 4, p. 373.
56 [*Structures de pensée et objets du savoir chez Kepler*, chapitre VI, section III, 2°, *op. cit.*, p. 357-364 ; voir *Kepler astronome astrologue, op. cit.*, p. 212-226. NdE]

parce qu'il n'existe ni organe assimilable à un dispositif optique, ni [561] ramifications nerveuses impliquant un trajet imposé et tortueux, reprendre à son compte la vieille description de Vitellion. Comme lui il estime que seuls sont perçus les rayons perpendiculaires à la surface sphérique du globe ; comme lui encore, et plus que lui, il établit une relation entre les esprits et les rayons, entre le foyer rayonnant d'esprits qu'est l'âme de la Terre et le foyer rayonnant de lumière qu'est l'astre dans le ciel. On se trouve donc avec la question que se pose Kepler à propos de la transmission de l'image rétinienne devant un fait épistémologique très caractéristique, et qui, à cause sans doute de son génie, se rencontre rarement avec une telle clarté : *une découverte qui, s'étant effectuée à l'intérieur d'un système catégoriel et grâce à lui, pose un problème insoluble à l'intérieur de ce même système et aboutit à terme à sa dissolution.* Car déjà Kepler en approfondissant les conséquences de sa découverte, contribue paradoxalement à alourdir le contentieux. Dans son chapitre III, où par anticipation il traite de la vision (dont nous avons vu que la compréhension est nécessaire à la théorie de l'*imago*), il s'interroge sur les dispositions internes du globe oculaire qui permettent ou favorisent l'appréciation de la direction, de la distance, de la grandeur de l'objet. Il développe alors certaines des conditions dites ultérieurement physiologiques de la perception : ainsi la convergence binoculaire permet au « sens commun » d'apprécier les distances[57] ; il reconnaît la nécessité d'une accommodation ; toutefois au lieu de l'attribuer au cristallin, il [562] pense que c'est la choroïde qui se contracte et se rétracte[58]. Il montre de plus comment un seul œil apprécie la distance de l'objet en le situant au sommet du cône lumineux qui, provenant de lui, a pour base la pupille ; c'est ce cône qui vient converger sur la rétine[59].

---

57 *A.P.O.*, III, 2, prop. VIII. GW, t. 2, p. 66.
58 *Ibid.*, prop. X. GW, t. 2, p. 68.
59 *Ibid.*, prop. IX. GW, t. 2, p. 67.

F<small>IG</small>. 19[60].

Vasco Ronchi insiste avec juste raison sur l'importance historique « de ce triangle distanciométrique », *triangulum distantiae mensorium* ; et note qu'il exprime en toute clarté l'un des fondements tacites de l'optique classique, en permettant de faire de l'appréciation de la distance une donnée non psychique, mais géométrique et donc objectivable indépendamment de l'observateur[61].

Il s'en faut toutefois que Kepler isole ainsi une phase physiologique de la perception. Tout au contraire, il reste en-deçà de la distinction du physique, du physiologique et du psychique. Il ne tient aucun compte des connexions nerveuses des tissus de l'œil, et multiplie les facultés psychiques ou leurs équivalents à l'intérieur du globe oculaire. Pour saisir leur grandeur respective, l'œil « a le sens des angles qu'interceptent les objets par rapport à la totalité du champ visuel[62] » ; « il faut également

---

60   *Kepler Gesammelte Werke*, Munich, Beck, 1939, t. 2, p. 70.

61   Vasco Ronchi, *L'optique, science de la vision, op. cit.*, p. 36-37, 65 et suivantes.

62   *A.P.O.*, III, 2, prop. VII. GW, t. 2, p. 66.

reconnaître qu'il existe en lui une force pour mesurer la densité [563] et la rareté de la lumière et de l'air » et que cette force réside dans ses humeurs transparentes[63]. Il ne dit pas non plus comment s'effectue la triangulation de l'objet à partir du diamètre de la pupille, ni où ; on sait simplement qu'il s'agit d'une habitude que l'œil isolé acquiert peu à peu à partir de l'appréciation binoculaire des distances[64]. Or, en même temps que son panpsychisme lui permet, dans chacun des cas, de multiplier à sa convenance les zones et les formes de sensibilité, il le conduit à atomiser le sujet de l'acte de vision : au fil de la plume, ce qui « sent », ce qui « connaît », ce qui « mesure », ce qui « perçoit », ce qui « compare », ce qui « a l'habitude », ce qui « estime », ce qui « juge », est indifféremment une membrane de l'œil, l'œil lui-même, le sens commun ou la faculté visuelle, quand ce n'est pas tout simplement (et c'est le plus fréquent) *visus*, la vue. Il est clair que la rigueur avec laquelle il pose le problème de la transmission à l'âme de l'image rétinienne ne pouvait longtemps coexister avec le laxisme, même verbal, avec lequel il désigne *qui* voit. À partir du moment où on sait qu'il existe au fond de l'œil une image optiquement réelle, on ne peut laisser indéfiniment dans l'anonymat le sujet qui l'appréhende.

D'autant que désormais les choses vont vite, et qu'avec l'utilisation en 1610 par Galilée de la première lunette astronomique toutes les questions d'optique retiennent l'attention du monde savant. Dès 1619, Scheiner, éclairé par la lecture de l'*Astronomiae Pars Optica* et de la *Dioptrique* [564] sur le processus réel de la vision et de ce fait libéré sans doute de la présupposition d'une symétrie nécessaire du globe oculaire, multiplie les dissections et parvient à localiser correctement le débouché du nerf optique :

> Le nerf optique, à partir duquel croissent toutes les tuniques, n'est pas situé dans l'axe optique, mais vers la gauche dans l'œil droit, et la droite dans l'œil gauche ; l'expérience qu'on en fait sur les yeux des animaux enseigne qu'il en est ainsi sinon chez tous, au moins chez la plupart. C'est ce qui a lieu dans l'œil du bœuf, du mouton, de la chèvre, du porc et d'autres bêtes analogues, comme je l'ai vérifié très souvent devant témoins ; c'est ce dont persuadent à propos de l'œil humain à la fois la raison et la localisation du trou par lequel il débouche : car la cavité de la paire de nerfs dans le crâne se

---

63 *Ibid.*, prop. XI et XIII. GW, t. 2, p. 68.
64 *Ibid.*, prop. IX. GW, t. 2, p. 67.

poursuit de chaque côté de l'os qui soutient le promontoire du nez ; encore qu'ici il vaudrait mieux consulter le sens, que la seule raison. Mais je n'ai pu encore me procurer un œil humain énucléé[65].

Et Scheiner ajoute que ce n'est pas parce qu'on ne l'a pas observé chez l'homme qu'il faut en douter : personne auparavant ne l'avait observé non plus chez les animaux. De plus, expérimentateur remarquable, il réussit peu de temps après, en Italie, vers 1625, à confirmer *de visu* la démonstration de Kepler, dont il adopte la conclusion. Sur les yeux de gros animaux et même d'hommes, il incise la partie postérieure jusqu'à l'humeur vitrée et la remplace par un papier transparent [565] ou une coquille d'œuf ; après les avoir placés contre l'ouverture d'une chambre noire, il y observe l'image rétinienne comme sur un écran[66]. Ainsi disparaît définitivement la possibilité même de comparer à un processus optique la transmission de la sensation visuelle.

LA REDISTRIBUTION CARTÉSIENNE

L'expérience a donc confirmé les inférences de Kepler, mais personne n'a pu répondre à la question qu'il a posée. En fait, c'était une question à laquelle on ne peut répondre qu'en en changeant radicalement les termes. Il appartenait à Descartes de le faire, dans sa *Dioptrique* de 1637. L'équilibre de l'ouvrage, dont le titre est le même que celui publié en 1611 par le mathématicien impérial, atteste à quel point le problème est resté central. Bien que Descartes y expose sa théorie de la lumière et publie pour la première fois la loi exacte de la réfraction, il consacre exactement la moitié de son livre – cinq discours sur dix – au problème de la vision. Or celui-ci est *optiquement* entièrement résolu : ni dans la description anatomique du globe oculaire, ni dans le procédé qui lui permet de voir « les images qui se forment sur le fond de l'œil » il ne va au-delà de Scheiner dont il reprend l'expérience ; et dans l'explication qu'il donne des images ainsi formées, il n'éprouve pas le besoin d'utiliser la loi des sinus pour se livrer à un quelconque calcul ; il se contente de montrer comme Kepler la correspondance [566] ponctuelle entre l'objet

---

65   Christoph Scheiner, *Oculus...*, *op. cit.*, livre I, 1re partie, p. 18.
66   Cette expérience est rapportée par Gaspard Schott dans sa *Magia universalis naturae et artis*, Herbipolis (Wurzburg), [J. G. Schönwetter], 1657 (d'après Emil Wilde, *Geschichte der Optick*, *op. cit.*, p. 251).

et l'image grâce à la convergence sur la rétine de faisceaux de rayons de faible incidence. Rien de tout cela n'est donc neuf. En revanche, il réserve pratiquement trois discours sur cinq à ce qui se passe au-delà de l'image rétinienne, et ce qu'il affirme là n'a jamais été dit.

Il éprouve le besoin d'exposer en préliminaire, juste après la description de l'œil, une théorie générale de la sensibilité qui équivaut à une complète réorganisation du champ épistémologique traditionnel. Celui-ci obéissait en fait à une opposition binaire : entre l'interne et l'externe, les facultés sentantes et les choses senties, ou, pour reprendre le titre même d'Aristote, le sens et le sensible. À cette opposition binaire, traitable au moins pour la vue en termes de symétrie anatomique et de similitude fonctionnelle, Descartes substitue trois phases complètement hétérogènes : une phase optique, jusqu'à la rétine ; une phase nerveuse, jusqu'au cerveau ; une phase mentale, la pensée de l'âme. Jamais jusqu'ici le moment de la *transmission* nerveuse n'a été aussi nettement distingué : « C'est l'âme qui sent, et non le corps » ; « en tant qu'elle est dans le cerveau » et non dans les organes des sens ; et c'est « par l'entremise des nerfs » que lui parviennent les impressions que font sur eux les objets[67]. C'en est fini des « esprits » s'imprégnant des qualités des choses : Descartes même, s'il les conserve pour expliquer la fonction motrice des nerfs (mais désormais ce sont des « vapeurs subtiles » du sang libérées par le cerveau et suivant les gaines nerveuses jusqu'aux muscles qu'elles viennent gonfler), y renonce pour leur fonction [567] sensitive. Celle-ci est assurée par leurs très minces filets intérieurs : pour peu qu'on fasse se mouvoir leur extrémité externe, située au niveau de l'organe, on imprime un mouvement identique à leur extrémité interne, située dans le cerveau, où se reproduit ainsi la figure de leur déplacement collectif. Il n'est donc nullement besoin d'imaginer une quelconque imprégnation sensitive et quasi psychique de ces agents transmetteurs[68].

Descartes est très conscient du fait qu'avec la phase nerveuse intermédiaire qui disjoint le sensible du sens, la vieille exigence de similitude n'a plus de raison d'être :

> Il faut, outre cela, prendre garde à ne pas supposer que, pour sentir, l'âme
> ait besoin de contempler quelques images qui soient envoyées par les objets

---

67 *Dioptrique*, Discours IV. AT, t. VI, p. 109.
68 *Ibid.* AT, t. VI, p. 111. [Gérard Simon a légèrement modernisé le texte de Descartes. NdE].

jusques au cerveau, ainsi que font communément nos Philosophes; ou, du moins, il faut concevoir la nature de ces images tout autrement qu'ils ne font. Car, d'autant qu'ils ne considèrent en elles autre chose, sinon qu'elles doivent avoir de la ressemblance avec les objets qu'elles représentent, il leur est impossible de nous montrer comment elles peuvent être formées par ces objets, et reçues par les organes des sens extérieurs, et transmises par les Nerfs jusques au cerveau. Et ils n'ont eu aucune raison de les supposer, sinon que, voyant que notre pensée peut facilement être excitée, par un tableau, à concevoir l'objet qui y est peint, il leur a semblé qu'elle devait l'être, en même façon, à concevoir ceux qui touchent nos sens, par quelques petits [568] tableaux qui s'en formassent en notre tête, au lieu que nous devons considérer qu'il y a plusieurs autres choses que des images, qui peuvent exciter notre pensée ; comme, par exemple, les signes et les paroles, qui ne ressemblent en aucune façon aux choses qu'elles signifient[69].

Il suffit donc que les nerfs « donnent occasion » à l'âme, par des signes appropriés, de sentir les diverses qualités des choses.

En conséquence, la sensation cesse d'être préconstituée, possible offert par le monde et attendant l'agent capable de l'actualiser. Le problème de l'aperception ne peut plus désormais être résolu par prétérition, ni sa place occupée par la cascade de facultés qui peu à peu élaboraient jusqu'à l'intellection complète un sensible déjà en puissance dans les choses. Il est devenu impossible de traiter de la perception en troisième personne : *l'âme devient pour la première fois par excellence sujet* – étape ultime et début primordial dont on ne peut que constater la nécessité. Sans doute quelque chose de l'image rétinienne se transmet-il jusqu'au cerveau, mais il ne faut pas se représenter à nouveau dans son enceinte, une série de regards de plus en plus instruits se succédant indéfiniment les uns aux autres en réintroduisant à chaque fois un homoncule dans l'homme :

> Or, encore que cette peinture, en passant ainsi jusques au-dedans de notre tête, retienne toujours quelque chose de la ressemblance des objets dont elle procède, il ne se faut point toutefois persuader, ainsi que je vous ai déjà [569] tantôt assez fait entendre, que ce soit par le moyen de cette ressemblance qu'elle fasse que nous les sentons, comme s'il y avait derechef d'autres yeux en notre cerveau, avec lesquels nous la pussions apercevoir ; mais plutôt, que ce sont les mouvements par lesquels elle est composée, qui, agissant immédiatement contre notre âme, [...] sont institués de la Nature pour lui faire avoir de tels sentiments[70].

---

69 *Ibid*. AT, t. VI, p. 112.
70 *Ibid*., Discours VI. AT, t. VI, p. 130.

La vieille relation spéculaire entre le macrocosme et le microcosme s'est désormais abolie : l'intérieur cesse d'être organisé sur le modèle de l'extérieur ; et pas plus qu'on ne peut tenir le monde pour une hiérarchie de pouvoirs, on ne peut penser le psychisme comme une société de facultés. Une coupure essentielle s'instaure entre le physique et le mental. Le panpsychisme devient littéralement inconcevable, et disparaît aux confins de la culture ; en revanche le dualisme y prend une place centrale, et devient pour la philosophie classique à la fois la conquête à laquelle elle ne peut renoncer et la croix qu'elle doit porter : durant plus de deux siècles, le problème des rapports de l'âme et du corps va rester le carrefour obscur de tous ses cheminements.

La fin d'une pensée dominée par le schème de la similitude correspond donc à une réorganisation complète du champ du savoir, dont les conséquences épistémologiques sont immédiates. Un domaine de recherche conquiert ou plutôt assure son autonomie. Ce que Kepler avait déjà inauguré à propos de l'œil peut se généraliser : non seulement un organe, mais le corps dans son ensemble peut être comparé et même assimilé à un dispositif technique. À la nomenclature [570] des vertus qui l'animent, on peut substituer l'analyse des mécanismes grâce auxquels il fonctionne. Descartes, dans son étude de la vision, fait intervenir longuement la sensibilité posturale pour le repérage de la direction et de la distance des objets : celle du tronc, du cou et des yeux pour la première, celle qui répond à la convergence binoculaire et à l'accommodation pour la seconde[71]. Dans chaque cas il s'attache à rappeler que les nerfs transmettent jusqu'au cerveau les signes des changements de position des membres, et donnent l'occasion à l'âme de situer les objets qu'elle perçoit. La sensibilité indistincte et instruite dont on parsemait quasi par inadvertance les organes des sens jusqu'à leurs plus infimes parties, a définitivement disparu.

La physique elle-même se trouve libérée : si la sensation n'est pas le double psychique de la chose, alors la chose n'est pas non plus la sensation transposée hors du psychisme. Entre les objets et ce qu'on en perçoit se creuse un fossé où sombre la valeur immédiate accordée aux qualités sensibles[72]. Au réalisme médiéval fait place une attitude critique, reléguant le phénomène de première instance au rang de simple apparence.

---

71 *Ibid.*, Discours VI ; *Traité de l'homme*, AT, t. XI, p. 157.
72 Rappelons que c'est là l'un des thèmes majeurs de la première Méditation.

Avec Descartes, le vieux compagnonnage de la lumière et de la couleur, dont Kepler est encore la victime, s'interrompt. Spéculativement, il est vrai : la solution n'est pas encore trouvée, et le mouvement de rotation sur elles-mêmes qu'il attribue aux petites boules de lumière pour expliquer la sensation de rouge ou [571] de vert n'est qu'un des nombreux chapitres de son roman de philosophie naturelle[73]. Mais un nouveau pas est franchi : la lumière, qui était déjà devenue avec l'*Astronomiae Pars Optica* une entité physique, n'a plus à être telle qu'on la *voit* : quelque chose en elle cause l'impression de couleur, mais ne s'y réduit pas. Le problème se pose désormais en des termes renouvelés.

En quelques décennies, la distinction entre un phénomène physique et les sensations qu'il provoque est à ce point acquise, qu'il suffit de la rappeler dans une définition pour que chacun sache de quoi il est question :

> La lumière homogène : par exemple, les rayons qui paraissent rouges, ou plutôt qui font paraître les objets rouges, je les appelle Rayons rubrifiques ou causant le rouge ; et ceux qui font paraître les objets jaunes, verts, bleus et violets, je les appelle rayons qui font le jaune, le vert, le bleu, le violet ; et ainsi du reste. Que si je parle quelquefois de la lumière et des rayons comme colorés ou imbus de couleurs, je prie le lecteur de se ressouvenir que je ne prétends pas parler philosophiquement et proprement, mais grossièrement et conformément aux conceptions que le peuple serait sujet à se former en voyant les expériences que je propose dans cet ouvrage. Car à proprement parler, les rayons ne sont point colorés, n'y ayant autre chose en eux qu'une certaine puissance ou disposition à exciter une sensation de telle ou telle couleur. Car comme le son n'est dans une cloche, dans une corde de musique, ou dans aucun autre corps résonnant, qu'un mouvement tremblottant ; qu'il n'est [572] dans l'air que ce même mouvement transmis depuis l'objet ; et que dans le lieu des sensations (*sensorium*) c'est le sentiment de ce mouvement sous la forme du son ; de même les couleurs dans les objets ne sont autre chose que la disposition qu'ils ont à réfléchir telle ou telle espèce de rayons en plus grande abondance que toute autre espèce ; et dans les rayons qu'une disposition à transmettre tel ou tel mouvement jusque dans le *Sensorium*, où se font les sensations de ces mouvements sous la forme de couleurs.

C'est ainsi que Newton, dans son *Optique*, commence ses études sur la synthèse de la lumière complexe[74]. Moins de cinquante ans séparent la rédaction de ce texte de *l'Harmonie du Monde* de Kepler, et soixante

---

73   *Dioptrique*, Discours 1er. AT, t. VI, p. 92.
74   Newton, *Traité d'Optique*, livre I, partie II, traduction Coste, [Paris, Montalant,] édition de 1722, p. 139-140.

seulement du premier chapitre de son *Astronomiae Pars Optica*. Il serait bien entendu futile d'attribuer à la seule découverte de l'image rétinienne la transformation critique radicale qu'il atteste ; on peut toutefois penser qu'en ruinant non seulement les anciennes théories de la perception, mais en posant un problème insoluble sur leur sol épistémologique traditionnel, cette découverte a contribué à la redistribution du savoir qui préside à la naissance de la science classique.

L'ÉPANOUISSEMENT DE 1611 [573]
La *Dioptrique*

UNE MOISSON FRUCTUEUSE

La claire compréhension de l'importance de la convergence pour la réalisation du stigmatisme, si liée à la conception du rayonnement lumineux comme se diffusant en nappe sphérique à partir de la source, fait de Kepler le premier théoricien de son temps en optique, on serait tenté de dire le seul. Les contemporains le reconnaissent, sinon en raison de ces données techniques dont ils ne saisissent pas l'importance, du moins à cause des résultats qu'elles lui ont permis d'obtenir. Aussi quand en 1610 Galilée, ayant tourné vers les cieux cet instrument curieux dont on s'était déjà servi en Hollande pour mieux voir au loin – un tube muni à chaque extrémité d'une lentille l'une convergente et l'autre divergente –, publie dans son *Messager céleste*[75] des révélations stupéfiantes et à peine crédibles, on se tourne aussitôt vers le mathématicien impérial pour solliciter son avis à la fois d'opticien et d'astronome. Nous reviendrons [par ailleurs][76] sur l'historique de ces découvertes capitales, et sur les réactions anxieuses, lucides et passionnées qu'elles suscitèrent chez

---

75 Nous adoptons ici la traduction retenue par la tradition. On a beaucoup discuté pour savoir si *Nuncius* signifiait message ou messager. Comme un livre peut être considéré indifféremment comme le messager qui transmet ou le message transmis, et que l'ambiguïté se retrouve dans le sens du terme latin, la discussion nous paraît parfaitement vaine. [Sur cette question, voir désormais : Galilée, *Sidereus Nuncius. Le messager céleste*, texte, trad. et notes par Isabelle Pantin, Paris, Les Belles Lettres, 1992, p. XXXII-XLV : « La question du titre et la question du genre ». NdE].

76 [Voir *Kepler astronome astrologue*, *op. cit.*, p. 397 *sq*. NdE].

Kepler : [574] en tant que Copernicien, et que Pythagoricien recherchant l'architecture harmonique secrète du monde, l'auteur du *Mystère Cosmographique* et de l'*Astronomie nouvelle* ne pouvait rester indifférent ni à l'observation de montagnes sur la Lune, ni à l'étonnante multiplication du nombre des étoiles et au fait que la voie lactée est composée de myriades d'entre elles, ni à l'opposition entre les disques lumineux des planètes et le scintillement ponctuel des fixes, ni enfin et surtout à l'existence jusqu'alors totalement insoupçonnée de quatre nouveaux corps célestes tournant autour de Jupiter. Mais ses études précédentes d'optique l'ont aussi rendu prêt à réagir à l'invention de l'instrument lui-même. Déjà il réfléchit à la manière dont on peut le construire, quand ses demandes réitérées sont enfin satisfaites et qu'il peut, pour exactement onze jours, du 30 août au 9 septembre, avoir à sa disposition grâce à l'obligeance de l'Électeur de Cologne l'une des lunettes fabriquées par Galilée. Il se hâte bien entendu de contrôler les observations du savant italien, et vérifie *de visu* que les fameux astres médicéens sont bien des satellites de Jupiter ; mais il en profite aussi pour étudier sérieusement l'instrument qu'il a réalisé, et parfaire à son sujet ses propres inférences. Ainsi en quelques semaines d'août et de septembre 1610 est écrite et achevée la *Dioptrique*. Des retards d'impression retardent sa parution jusqu'en 1611.

Œuvre de circonstance, la *Dioptrique* n'est est pas moins une œuvre fondamentale. Elle va connaître au cours du siècle deux nouvelles éditions à Londres, l'une en 1653, l'autre en 1683 : et de fait, elle servira d'outil [575] de travail à deux générations. En 141 théorèmes se suivant *more geometrico*, elle développe l'analyse méthodique de tous les processus connus où est impliquée la réfraction : plans multiples, lentilles, vision, pour aboutir à la loupe et aux combinaisons diverses de lentilles permettant de construire des lunettes et de comprendre leur fonctionnement ; en une cinquantaine de pages denses, elle jette les fondements de l'optique classique. Si nous l'évoquons beaucoup plus rapidement que l'*Astronomiae Pars Optica*, ce n'est nullement parce que nous en sous-estimons l'importance : mais notre propos étant d'élucider le lien qui existe chez Kepler entre les objets de son savoir et les structures de sa pensée[77], il était préférable d'approfondir l'étude du livre où il expose intégralement ses démarches et tient une sorte de journal de bord de ses tentatives, même infructueuses ;

---

77   [Rappelons que *Structures de pensée et objets du savoir chez Kepler* est le titre de la thèse de Gérard Simon soutenue en 1976. NdE].

où de plus la découverte capitale de l'image rétinienne, avec la nouvelle conception de la vision qu'elle implique, induit la rupture définitive de l'optique avec les anciens partages médiévaux où elle avait fini par s'enliser. Mais ici, c'est avant tout l'exigence technique de convergence stigmatique, telle qu'elle a été élaborée pour le cristallin et démontrée sur le dioptre sphérique, qui va donner lieu à une généralisation d'une étonnante ampleur. On peut en effet, sur ce plan du moins, considérer la *Dioptrique* moins comme une nouveauté radicale que comme l'application spectaculaire des concepts-clefs élaborés en 1604.

Pourtant il s'agit bien d'une percée scientifique capitale. Le livre débute par une étude de la réfraction ; s'il ne formule pas plus que le précédent sa loi [576] véritable, il donne le moyen empirique de la mesurer à l'aide d'un cube de verre, reconnaît que les angles de réfraction sont proportionnels aux angles d'incidence tant que ceux-ci ne dépassent pas 30°, énonce pour la première fois le phénomène de la réflexion totale[78] et entame la théorie des prismes (prop. 1-20). Après les précisions indispensables sur la nature de la lumière, il se poursuit par l'analyse des lentilles et de leurs effets, à l'exclusion de ceux qu'elles produisent quand on regarde directement à travers elles. Le fait nouveau est le recours systématique à la convergence des rayons, étudiée successivement sur une face, puis simultanément sur les deux (prop. 34-41). Ainsi se trouve expliqué comment, à l'aide de lentilles, on peut projeter des « peintures » sur un écran ou une paroi, condenser la lumière en faisceaux de rayons parallèles, et obtenir par ce procédé des effets calorifiques (prop. 41-56). Dix-huit ans après sa parution, et malgré le mérite qu'il y avait à pour la première fois tenir les lentilles pour un objet d'étude scientifique, le *De Refractione* de Porta était définitivement relégué au rang d'ébauche informe.

Désormais Kepler va traiter de ce qu'on voit *à travers* les lentilles : nous ne sommes plus dans le domaine des *picturae*, de ce qu'elles réalisent « *per se* », par elles-mêmes, mais de ce qui se produit quand elles [577] concourent à la vision – donc quand elles contribuent à faire percevoir une *imago*[79]. C'est pourquoi il résume d'abord ce qu'il a écrit

---

78 *Dioptrique*, prop. XIII. GW, t. 4, p. 358.
79 Kepler scande lui-même sa démarche par des sous-titres : *Ibid.* GW, t. 4, p. 367 : « *Lentis effecta per se* » ; GW, t. 4, p. 370 : « *Hactenus de lente convexa, ejusque usibus citra respectum oculi. Jam de iis usibus, quos habet in adjuvanda visione* ».

en 1604 de la vision et de son processus (prop. 58-65) avant d'en venir à la manière dont elle est modifiée par l'interposition d'une, puis de plusieurs lentilles. Il commence par la théorie de la lentille convexe et y prend en compte non seulement la convergence des rayons, mais plus précisément encore le point de convergence des rayons parallèles à l'axe, c'est-à-dire ce qu'il a naguère appelé et ce que nous appelons son foyer ; il remarque que sa distance dépend du diamètre du cercle définissant la courbure des deux faces de la lentille[80]. Déjà il utilise le classique croisement du faisceau de rayons pour expliquer que l'œil selon sa propre position voit une image droite, ou au contraire inversée. En revanche, il n'établit pas une corrélation systématique entre la position de l'image et celle de l'objet, et son interprétation de l'effet de loupe de la lentille reste insatisfaisante (prop. 66-85). Mais son étude lui permet de décrire une combinaison différente de celle qu'a utilisée Galilée : deux lentilles convexes, la première donnant une image inversée, grossie par la seconde servant d'oculaire. C'était définir la lunette astronomique, que [578] Scheiner devait effectivement construire quelques années plus tard (prop. 86). Il propose même de redresser l'image ainsi obtenue à l'aide d'une troisième lentille convexe, ce qui n'est autre que le dispositif de la longue-vue (prop. 87).

Kepler en vient ensuite aux lentilles biconcaves. Il montre comment elles font diverger les rayons, et qu'elles corrigent ainsi la vision des myopes, bien qu'elles fassent paraître les objets plus petits (prop. 90-100). Il peut alors étudier ce qui résulte de leur combinaison avec une lentille convexe. Cette dernière fait converger les rayons qu'elle reçoit : si on place derrière elle, avant leur point de rencontre, une lentille concave, elle peut selon sa forme soit les faire converger moins fort, soit les rendre parallèles, soit encore les rendre divergents. En les rendant parallèles, on peut obtenir dans une chambre noire sur un écran une figure beaucoup plus grande qu'avec la seule lentille convexe (prop. 105) : l'idée n'eut pas de suite immédiate et tomba dans l'oubli ; elle ne fut retrouvée que deux siècles et demi plus tard, quand en 1851 [Ignazio] Porro utilisa pour la photographie ce qu'on dénomma un téléobjectif. En rendant les rayons cette fois divergents, on réalise le dispositif de la lunette de Galilée (fig. 20 ; prop. 107).

---

80   Prop. XXXVIII et LXXIX.

FIG. 20[81].

Kepler l'étudie avec soin ; il montre que plus est grande la distance focale de l'objectif et plus l'oculaire est divergent, plus l'image [579] est grossie ; il explique aussi qu'il faut placer l'oculaire près du foyer de l'objectif, et pratiquement appliquer l'œil contre lui ; il conseille enfin de disposer un diaphragme (prop. 100-124). Ainsi, un an après la construction par Galilée de sa lunette, le mathématicien impérial en donnait pour l'essentiel la théorie.

---

81 *Kepler Gesammelte Werke*, Munich, Beck, 1939, t. 4, p. 397.

Le reste du livre est consacré aux autres groupements possibles de lentilles, à l'addition de leur pouvoir convergent et divergent quand elles sont accolées (prop. 125), aux différentes formes qu'elles peuvent prendre, en particulier aux ménisques, et aux combinaisons qui permettraient de rendre les instruments d'optique plus courts et plus maniables (prop. 125-141).

La moisson est donc extrêmement riche, et sur une question où *rien* de sérieux n'avait encore été écrit : le *De Refractione* de Porta n'a pour lui que sa bonne volonté, et est d'une affligeante confusion. En revanche, la longue analyse que dans son *Astronomiae Pars Optica* (V, 3) Kepler a faite de la « pile cristalline », ou du vaisseau sphérique rempli d'eau, pour justifier la fonction qu'il attribuait au cristallin, a été très payante : elle lui fournit les clefs conceptuelles de son étude. Rappelons en effet qu'il a déjà dégagé l'importance des faisceaux de rayons parallèles, et qu'il leur a assimilé ceux qui proviennent d'un point suffisamment éloigné ; il a montré qu'ils se croisent toujours en un même point de l'axe, et que lorsqu'ils ont une faible incidence ils se groupent pratiquement en un point unique d'où résulte la *pictura* de l'objet. Le concept de foyer est [580] donc déjà défini, sinon pleinement utilisé, et peut être immédiatement transposé dans la *Dioptrique*. De plus, les règles de formation de la « peinture » ont également été données : Kepler sait qu'elle s'inverse en raison du croisement des axes menés de chacun des points de l'objet au centre du dioptre sphérique (qui en raison de sa symétrie ponctuelle n'a pas comme la lentille d'axe principal), et que plus un point est proche du dioptre, plus les rayons qu'il émet (et qui donnent son image réelle) convergent loin de lui sur l'axe correspondant. Pour expliquer le cheminement des rayons à travers une ou plusieurs lentilles, leur inversion proche ou lointaine, et la possibilité qu'ils convergent dans des conditions permettant une vision distincte, Kepler n'utilise pas dans la *Dioptrique* d'autres principes que ceux qu'il a établis en 1604.

Or l'idée essentielle, la prise en compte dans la réfraction, non de la déviation d'un rayon isolé, mais de la convergence ou de la divergence d'un faisceau de rayons, est liée avons-nous vu à sa conception même de la lumière : celle-ci se diffuse en sphère (*orbiculariter*) à partir de sa source, à la manière dont elle procède du Soleil, source par excellence, qui remplit jusqu'à ses limites le monde de sa splendeur comme le Père éclaire de son Esprit à travers le Fils toute sa Création. On peut être surpris de l'efficacité technique des métaphores rectrices d'où Kepler tire son inspiration : on est bien obligé de la constater, et de noter que dans ses développements les plus spécialisés et les plus liés à l'expérimentation [581] il ne renonce aucunement à la cohérence de sa pensée : sa physique non seulement ne dément pas, mais prolonge et explicite sa métaphysique.

LES LIMITES TECHNIQUES ET CONCEPTUELLES

Il reste que les impasses ou les ambiguïtés conceptuelles qui subsistent dans l'*Astronomiae Pars Optica* font également sentir leurs effets techniques dans la *Dioptrique*. C'est tout particulièrement le cas de la distinction entre *pictura* et *imago*, dont nous avons montré qu'elle provient directement de l'optique médiévale, avec sa conception à la fois réaliste et intellectualiste de la perception, et qu'elle se maintient chez le mathématicien impérial en raison de son incapacité à résoudre sur d'autres fondements le problème de la transmission de l'image rétinienne. Des multiples exemples possibles de ces conséquences techniques négatives, nous n'en retiendrons qu'un seul – celui de l'analyse de l'effet grossissant de la lentille convergente, et donc de la loupe. Il est vrai qu'il est central, puisque toute la théorie des lunettes, et tout particulièrement de leurs oculaires, en dépend.

Pour être bref, on peut dire que Kepler, en raison de sa conception de l'*imago* comme être intentionnel, où interviennent au moins autant les facultés psychiques que les données optiques, ne parvient jamais seulement à approcher le concept d'*image virtuelle*. Tant qu'il s'agit d'une *pictura*, et donc d'une image réelle, il s'attache à en montrer point par point la formation à l'aide d'une convergence stigmatique, tout comme il l'avait fait pour les [582] objets qui s'offrent *directement* à la vue. En revanche, il traite *toujours* le problème autrement quand il cherche à démontrer comment se produit ce que l'œil *voit par réflexion ou réfraction*. Dans la localisation de l'image sur les miroirs[82], comme de celle qui se reflète ou se réfracte sur la boule remplie d'eau[83], il avait dans l'*Astronomiae Pars Optica* utilisé seulement une triangulation à l'aide de la convergence des deux yeux ; il se contentait donc de déterminer où doit se croiser un double regard, et ne se préoccupait nullement d'établir point par point les conditions de formation d'une image optiquement nette.

---

82 *A.P.O.*, III, prop. XVI-XX. *Cf.* p. [464-477] = p. 89-98.
83 *A.P.O.*, V, 3, prop. I-VII. *Cf.* ci-dessus, p. [579] = p. 168.

Jamais donc il ne fait partir un faisceau d'un point de l'objet pour démontrer qu'après réflexion ou réfraction, les prolongements fictifs des rayons reçus par l'œil (à l'aide desquels l'optique classique construit l'image virtuelle) réalisent les exigences d'une reproduction stigmatique.

Cette lacune se retrouve dans la *Dioptrique* et limite la portée de certaines de ses démonstrations. Elle l'empêche de donner de la loupe une théorie optique rendant compte de la netteté et de la grandeur de l'image selon la position de l'objet. Ce qui seul lui importe en effet pour expliquer la grandeur apparente qu'on voit [583] est l'ensemble des *jugements comparatifs* liés au vieil angle visuel de Vitellion (l'angle qui mesure la partie du champ interceptée par la chose vue) :

LXVI – Axiome optique. Une chose de distance connue et de grandeur inconnue appréhendée inopinément sous un grand angle visuel paraît grande, et petite sous un petit[84].

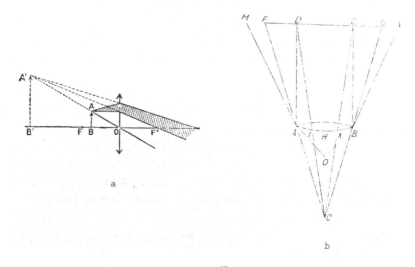

a

b

Fig. 21[85].

*a. Représentation classique de la marche des rayons dans la loupe,
reconstituant le stigmatisme de l'image virtuelle A'B'.
Les rayons divergent à partir d'un point de l'objet AB.*

---

84 *Dioptrique*. GW, t. 4, p. 376.
85 *Kepler Gesammelte Werke*, Munich, Beck. Schéma de Gérard Simon (a) et *Kepler Gesammelte Werke*, 1941, t. 4, p. 382 (b).

*b. La même représentation par Kepler. Il part de l'œil pour représenter
la marche des rayons, et explique que le rayon CK, après interposition
d'une lentille, ne se prolonge pas vers E, mais plus à gauche.
Pour qu'un rayon issu de E atteigne C, il doit passer par B :
il semblera donc provenir de G, et l'objet DE sera grossi et vu comme FG
(pas de reconstitution stigmatique de l'image ;
simple explication de l'effet grossissant).*

[584] Pour expliquer le grossissement des objets par la loupe, Kepler se contente de mettre en œuvre ce seul axiome. À la différence de l'optique classique, qui fait fictivement *converger* vers l'image virtuelle les rayons divergents qui entrent dans l'œil, lui fait fictivement *diverger* à partir de l'œil et prolonge jusqu'au plan de l'objet les deux rayons déterminant l'angle visuel afin de mettre en évidence son agrandissement (fig. 21).

Ne disposant pas du concept d'image virtuelle, il ne peut *a fortiori* former celui d'*objet virtuel* ; aussi dans la théorie des lunettes, ne peut-il rendre pleinement compte de l'effet combiné des lentilles, et doit-il le penser sur le mode de la compensation : la divergence de l'une tempère la trop grande convergence de l'autre, tout en permettant d'agrandir l'angle sous lequel on voit l'objet[86].

Il n'est certes pas surprenant que Kepler ne dispose pas de concepts aussi élaborés, et qui ont fait de l'optique classique un édifice sans faille mathématique, sinon sans simplification physique ou psychologique. Nul moins que nous ne songe à s'en étonner ; mais ce que nous voulons montrer, c'est combien ces concepts, si utiles pour la théorie des instruments d'optique, sont pour lui littéralement *inconcevables*. Tant que, derrière la distinction entre *pictura* et *imago*, se profile le réalisme intellectualiste de la pensée médiévale, l'image étant due à un jugement reste une entité [585] psychique, et ne peut, comme effet d'un rayonnement, matérialiser fictivement une origine extérieure : sa « virtualité » est dans la tête de l'observateur, non dans l'espace qui lui fait face.

Ce n'est pas que nous tenions pour inaccessible à la critique l'objectivisme positiviste de l'optique classique. Vasco Ronchi a rappelé dans un excellent livre, *L'optique, science de la vision*, combien elle

---

86 *Ibid.*, prop. CVII. GW, t. 4, p. 397. À propos de la lunette de Galilée : « Cette trop grande divergence, et cette convergence, se détruisent mutuellement grâce à la combinaison de lentilles dans le tube. Une fois donc supprimée la convergence et atténuée la trop grande divergence, la vision distincte s'ensuit. »

était simplificatrice, et même inexacte[87]. Il l'a démontré, entre autres, justement à propos de la loupe : il rappelle de manière convaincante que ce qu'on y voit n'est jamais ce que prévoit la théorie élémentaire, puisque, quand on s'en sert par exemple pour lire un journal, on localise l'image dans le même plan que l'objet regardé, et non comme on devrait le faire en deçà ou au-delà, et parfois de beaucoup[88] ; par conséquent, les données psychiques, si importantes dans le processus de la vision, ne peuvent être tenues pour négligeables. Nous ne contesterons certes pas son analyse, pas plus que sa description de la série de glissements par lesquels l'optique classique a fini par éliminer l'observateur :

> Puisque sa psyché *doit* localiser le phantasme, le point lumineux, au sommet du cône de rayons qui lui arrivent dans l'œil, on peut énoncer cette loi, une fois pour toutes, au début de l'exposé, et se dispenser ensuite de la rappeler. Le sommet du cône de rayons, réfléchis par le [586] miroir ou réfractés par la lentille, en vint ainsi à *être* l'image du point objet[89].

Alors que Kepler maintient son attention sur le caractère « intentionnel » de la perception, intervient au contraire après lui une brutale et féconde réduction du *vu* au *rayonné*, et donc du psychique au physique.

Et il est de fait frappant de constater combien, à trois siècles et demi d'intervalle, les analyses de la science post-classique recoupent celles de la science pré-classique. Laissons d'abord parler Vasco Ronchi :

> La distance d'un objet à l'œil se détermine avec une précision excellente, tant qu'elle ne dépasse pas quelques mètres. Par contre, si elle en atteint une dizaine, on constate que l'observateur se trompe systématiquement et que l'erreur croît progressivement au fur et à mesure de l'augmentation de la distance de l'objet, et ceci jusqu'à une certaine limite. Passée celle-ci, les distances ne sont pas du tout appréciées. En d'autres termes, tous les objets qui sont au-delà de cette limite sont jugés à la même distance de l'observateur.
>
> Les *phantasmes* créés par la psyché pour représenter les objets extérieurs sont localisés là où celle-ci juge qu'ils se trouvent. On doit donc conclure que les *phantasmes* coïncident avec les objets tant que ceux-ci ne sont pas à plus de quelques dizaines de mètres de l'observateur. Au-delà, par contre, ils sont localisés plus près que ne se [587] trouvent les objets, et l'écart entre l'objet et le *phantasme* correspondant est d'autant plus grand que l'objet est plus

---

87 Vasco Ronchi, *L'optique, science de la vision, op. cit.* Rappelons que Vasco Ronchi [était] lui-même physicien : il [dirigeait] l'Institut national d'optique de Florence Arcetri.
88 *Ibid.*, p. 80-81.
89 *Ibid.*, p. 65. V. Ronchi désigne par « phantasme » l'objet tel qu'il est perçu par la psyché.

éloigné de l'œil. Enfin, pour les très grandes distances, tous les *phantasmes* sont localisés dans une même surface, aussi grande que puisse être la distance des objets entre eux et par rapport à l'œil[90].

Et V. Ronchi illustre immédiatement ce qu'il affirme, par l'exemple de la voûte céleste.

Relisons maintenant ce qu'écrit Kepler :

> LXVII – Axiome optique – Les intervalles entre l'œil et une chose menue, sont en proportion inverse des angles visuels : plus la chose s'éloigne, plus est petit l'angle sous lequel on la voit.
> LXVIII – Une chose de grandeur connue, et de distance inconnue, comme le visage d'un homme adulte, appréhendée par un seul œil inopinément sous un grand angle visuel, paraît proche, et lointaine sous un petit.
> LXIX – Par conséquent, comme tous les objets très lointains semblent à la même distance, et que même ceux qui sont inconnus sont assimilés à des connus par le seul fait qu'ils sont lointains (par exemple, nous saisissons le ciel comme une surface unique, où se trouvent toutes les étoiles, sans distinguer entre leurs distances), les objets très lointains de grandeur inconnue qui sont vus sous un angle plus grand, sont tenus dans l'absolu pour plus grands, et ceux qui sont vus sous un angle plus petit, pour plus petits[91].

[588] Dans les deux cas, l'existence d'un *jugement de perception* est parfaitement mise en évidence dans l'appréciation des distances et des grandeurs. Nous pensons pourtant qu'un infranchissable fossé culturel sépare ces deux textes. Car pour Kepler, *ce qu'on voit, ce sont toujours des objets*, même si on les localise mal ; et quand on regarde dans un miroir ou à travers une lentille, *c'est encore l'objet que l'on voit*, rappelons-le, mais en se trompant :

> Les opticiens parlent d'image, quand on voit la *chose même*, avec ses couleurs et l'agencement de ses parties, mais en un autre lieu, et parfois avec un changement de grandeur et une modification des proportions. En bref, l'image est la *vision de quelque chose*, liée à une erreur des facultés qui concourent à la vision[92].

Il existe donc un écart ontologique indépassable entre l'*imago*, « qui par elle-même n'est rien ou presque », et la chose pleinement existante : de là son opposition à la *pictura*, qui est une représentation réelle. Au

---

90 *Ibid.*, p. 44.
91 *Dioptrique.* GW, t. 4, p. 376-377.
92 *A.P.O.*, III, 2, def. 1. GW, t. 2, p. 64.

contraire, pour V. Ronchi, *on ne voit jamais que des images*, ce qu'il appelle des *phantasmes* : il n'y a donc plus aucune raison ontologique de distinguer ce qu'on perçoit par réfraction ou réflexion de ce qu'on saisit par vision directe. Sous leur apparente similitude, les deux textes sont donc parfaitement opposés. Et pour que le premier puisse être écrit, pour qu'on puisse considérer *tout* ce qui tombe sous la vue comme des *phantasmes*, il aura fallu précisément le long cheminement [589] de l'optique classique qui, abolissant la distinction ontologique entre la vision d'une image et celle d'une chose, confère à l'une et à l'autre le statut physique homogène qui permet aujourd'hui de remettre en question l'objectivité forcée qu'elle leur a fait subir. On ne peut donc suivre V. Ronchi lorsqu'il pense que, dans son intransigeance positiviste, l'optique classique a occulté, en abandonnant le concept d'*imago*, une intuition dont on saisit aujourd'hui à nouveau la valeur[93]. Pour Kepler comme pour les médiévaux, le processus psychique qui aboutit à l'image ne caractérise pas la vision *normale*, mais la vision *faussée* ; et leur réalisme sensualiste interdit tout parallèle avec l'attitude en fait hypercritique de la science contemporaine. Leurs fondements catégoriels n'étant en rien les nôtres, les concepts dont ils se servent ne sont pas directement transposables.

---

93   Vasco Ronchi, *L'optique, science de la vision, op. cit.*, p. 64-65.

BIBLIOGRAPHIE

SOURCES PRIMAIRES

ALHAZEN [= IBN AL-HAYTHAM], *The Optics of Ibn al-Haytham. Books I-III On Direct Vision*, éd. Abdelhamid I. Sabra, Kuwait, National Council for Culture, Arts, and Letters, 1983.

ALHAZEN [= IBN AL-HAYTHAM], *The Optics of Ibn al-Haytham. Books I-III On Direct Vision*, trad. Abdelhamid I. Sabra, London, Warburg Institute, 1989.

ALHAZEN [= IBN AL-HAYTHAM], *Alhacen's Theory of Visual Perception: A Critical Edition, with English Translation and Commentary, of the First Three Books of Alhacen's* De Aspectibus, *the Medieval Latin Version of Ibn al-Haytham's* Kitāb al-Manāẓir, éd. A. Mark Smith, Philadelphia, American Philosophical Society Press, 2001 (Transactions of the American Philosophical Society, New series, vol. 91, n° 4-5).

ALHAZEN [= IBN AL-HAYTHAM], *The Optics of Ibn al-Haytham. An Edition of the Arabic Text of Books IV-V: On Reflection and Images Seen by Reflection*, éd. Abdelhamid I. Sabra, Kuwait, National Council for Culture, Arts, and Letters, 2002.

ALHAZEN [= IBN AL-HAYTHAM], *Alhacen on the Principles of Reflection: A Critical Edition, with English Translation and Commentary, of Books 4 and 5 of Alhacen's* De Aspectibus, *the Medieval Latin Version of Ibn al-Haytham's* Kitāb al-Manāẓir, éd. A. Mark Smith, Philadelphia, American Philosophical Society Press, 2006 (Transactions of the American Philosophical Society, New series, vol. 96, n° 2-3).

ALHAZEN [= IBN AL-HAYTHAM], *Alhacen on Image-Formation and Distortion in Mirrors: A Critical Edition, with English Translation and Commentary, of Book 6 of Alhacen's* De Aspectibus, *the Medieval Latin Version of Ibn al-Haytham's* Kitāb al-Manāẓir, éd. A. Mark Smith, Philadelphia, American Philosophical Society Press, 2008 (Transactions of the American Philosophical Society, New series, vol. 98, n° 1-2).

ALHAZEN [= IBN AL-HAYTHAM], *Alhacen on Refraction: A Critical Edition, with*

English Translation and Commentary, of Book 7 of Alhacen's De Aspectibus, *the Medieval Latin Version of Ibn al-Haytham's* Kitāb al-Manāẓir, éd. A. Mark Smith, Philadelphia, American Philosophical Society Press, 2010 (Transactions of the American Philosophical Society, New series, vol. 100, nᵒ 1-2).

ALHAZEN [= IBN AL-HAYTHAM], *Le septième livre du traité* De aspectibus *d'Alhazen, traduction latine médiévale de l'*Optique *d'Ibn al-Haytham,* éd. et trad. Paul Pietquin, Louvain, Académie royale de Belgique, 2010.

ALHAZEN [= IBN AL-HAYTHAM], *On the Shape of the Eclipse. The First Experimental Study of the Camera Obscura,* éd. et trad. Dominique Raynaud, Dordrecht, Springer, 2016.

BACON, Roger, *The* Opus Majus *of Roger Bacon,* trad. Robert B. Burke, Philadelphia, University of Pennsylvania Press, 1928.

BACON, Roger, *Roger Bacon's Philosophy of Nature: A Critical Edition, with English Translation, Introduction, and Notes, of* De multiplicatione specierum *and* De speculis comburentibus, éd. et trad. David C. Lindberg, Oxford, Clarendon Press, 1983.

BACON, Roger, *Roger Bacon and the Origins of* Perspectiva *in the Middle Ages. A Critical Edition and English Translation of Bacon's* Perspectiva *with Introduction and Notes,* éd. et trad. David C. Lindberg, Oxford, Clarendon Press, 1996.

DESCARTES, René, *Le monde. L'homme,* introduction d'Annie Bitbol-Hespériès, textes établis et annotés par Annie Bitbol-Hespériès et Jean-Pierre Verdet, Paris, Seuil, 1996. (Sources du savoir).

EUCLIDE, *Euclidis Opera Omnia,* vol. 7 : *Optica, Opticorum Recensio Theonis, Catoptrica cum scholiis antiquis,* éd. Johan Ludvig Heiberg et Heinrich Menge, Leipzig, Teubner, 1895.

EUCLIDE, *L'Optique et la Catoptrique,* trad. Paul Ver Eecke, Bruges, Desclée De Brouwer, 1938.

EUCLIDE, *Optics,* trad. Harry Edwin Burton, *Journal of the Optical Society of America,* vol. 35, nᵒ 5, 1945, p. 357-372.

GALILÉE, *Discours sur deux sciences nouvelles,* trad. par Maurice Clavelin, Paris, A. Colin, 1970 ; 2ᵉ éd. corrigée, Paris, PUF, 1995. (Épiméthée).

GALILÉE, *Sidereus Nuncius. Le messager céleste,* texte, trad. et notes par Isabelle Pantin, Paris, Les Belles Lettres, 1992. (Science et humanisme ; 4).

GEMMA, Cornelius, *Ars cosmocritica,* in *De naturae divinis characterismis, seu raris et admirandis spectaculis,* Anvers, C. Plantin, 1575.

GROSSETESTE, Robert, *Die Philosophischen Werke des Robert Grosseteste, Bischofs von Lincoln,* éd. Ludwig Baur, Münster, Aschendorff, 1912.

GROSSETESTE, Robert, *On Light,* trad. Clare Riedl, Milwaukee, Marquette University Press, 1942.

KEPLER, Johannes, *Dioptrik, oder Schilderung der Folgen, die sich aus der unlängst gemachten Erfindung der Fernrohre für das Sehen und die sichtbaren Gegenstände ergeben*, übersetzt und herausgegeben von Ferdinand Plehn, Leipzig, W. Engelmann, 1904. (Ostwalds Klassiker der exakten Wissenschaften; 144). Neudr. Thun; Frankfurt am Main, H. Deutsch, 1997.

KEPLER, Johannes, *Kepler's Conversation with Galileo's Sidereal Messenger*, trad. Edward Rosen, New York, Johnson Reprint, 1965.

KEPLER, Johannes, *Les fondements de l'optique moderne. Paralipomènes à Vitellion (1604)*, trad. Catherine Chevalley, Paris, J. Vrin, 1980. (L'histoire des sciences. Textes et études).

KEPLER, Johannes, *Le secret du monde*, trad. Alain Segonds, Paris, Les Belles Lettres, 1984. (Science et humanisme; 1).

KEPLER, Johannes, *The Harmony of the World*, translated into English with an Introduction and Notes by E. J. Aiton, A. M. Duncan, J. V. Field, Philadelphia, The American Philosophical Society Press, 1997.

KEPLER, Johannes, *Optics. Paralipomena to Witelo & Optical Part of Astronomy*, translated by William H. Donahue, Santa Fe, N.M., Green Lion Press, 2000.

KEPLER, Johannes, *Schriften zur Optik 1604-1611*, eingeführt und ergänzt durch historische Beiträge zur Optik- und Fernrohrgeschichte von Rolf Riekher, Frankfurt am Main, Harri Deutsch, 2006. (Ostwald's Klassiker der exakten Wissenschaften; 198). [Réunit la traduction allemande des *Paralipomena* et de la *Dioptrice* de Kepler par Ferdinand Plehn, ainsi que celle de la *Dissertatio cum Nuncio Sidereo* par Franz Hammer].

LEIBNIZ, Gottfried Wilhelm, *Opuscules philosophiques choisis*, trad. Paul Schrecker, Paris, Hatier-Boivin, 1954.

MAUROLICO, Francesco, *Photismi de lumine et umbra...*, Naples, T. Longi, 1611.

MAUROLICO, Francesco, *The « Photismi de lumine » of Maurolycus. A Chapter in Late Medieval Optics*, translated from the Latin into English by Henry Crew, New York, The Macmillan Company, 1940.

NEWTON, Isaac, *Traité d'Optique*, trad. Pierre Coste, Paris, Montalant, 1722.

PECHAM, John, *John Pecham and the Science of Optics. Perspectiva communis*, éd. et trad. David Lindberg, Madison, Milwaukee, London, The University of Wisconsin Press, 1970.

PLATTER, Felix, *De corporis humani structura et usu Libri III*, Bâle, Ex officina Frobeniana, 1583.

DELLA PORTA, Giambattista, *Magia naturalis*, Rouen, J. Berthelin, 1650 (1re éd. Naples, 1558).

PTOLÉMÉE, Claude, *L'optique de Claude Ptolémée dans la version latine d'après l'arabe de l'émir Eugène de Sicile*, éd. critique et exégétique par Albert Lejeune, Louvain, Publications universitaires de Louvain, 1956.

PTOLÉMÉE, Claude, *Ptolemy's Theory of Visual Perception: An English Translation of the Optics with Introduction and Commentary*, éd. A. Mark Smith, Philadelphia, American Philosophical Society Press, 1996 (Transactions of the American Philosophical Society, New series, vol. 86, n° 2).

RISNER, Friedrich, *Opticae Thesaurus Alhazeni arabis libri septem... Vitellionis Thuringopoloni opticae libri decem...* Bâle, per Episcopios, 1572.

RISNER, Friedrich, *Opticae Libri Quatuor*, Cassel, Wilhelm Wessel, 1606.

SCHEINER, Christoph, *Oculus hoc est : Fundamentum Opticum...*, Oenipontum [Innsbruck], apud Danielem Agricolam, 1619.

SCHOTT, Gaspard, *Magia universalis naturae et artis*, Herbipolis [Würzburg], J. G. Schönwetter, 1657.

VITELLION, *Witelonis Perspectivae Liber primus. Book I of Witelo's* Perspectiva. *An English translation with introduction and commentary and Latin edition of the Mathematical Book of Witelo's* Perspectiva, éd. Sabetai Unguru, Wroclaw, Warsaw, Kraków, The Polish Academy of Sciences Press, 1977.

VITELLION, *Witelonis Perspectivae Liber quintus. Books V of Witelo's* Perspectiva. *An English translation with introduction and commentary*, éd. A. Mark Smith, Wroclaw, Warsaw, Kraków, Gdansk, Lòdz, The Polish Academy of Sciences Press, 1983.

VITELLION, *Witelonis Perspectivae Liber secundus et Liber tertius. Books II and III of Witelo's* Perspectiva. *A critical Latin edition and English translation with introduction, notes and commentaries*, éd. Sabetai Unguru, Wroclaw, Warsaw, Kraków, The Polish Academy of Sciences Press, 1991.

VITELLION, *Witelonis Perspectivae liber quartus*, éd. et trad. Carl Kelso, PhD dissertation, University of Missouri, Columbia, 1994.

ÉTUDES CRITIQUES

ADAMSON, James, « Vision, Light and Color in al-Kindi, Ptolemy, and the Ancient Commentators », *Arabic Sciences and Philosophy*, vol. 16, 2006, p. 207-235.

ADAMSON, James, *Alkindi*, Oxford, Oxford University Press, 2007.

ALPERS, Svetlana, *L'art de dépeindre. La peinture hollandaise au XVIIe siècle*, trad. Jacques Chavy, Paris, Gallimard, 1990. (Bibliothèque illustrée des histoires).

ALQUIÉ, Ferdinand, *Le cartésianisme de Malebranche*, Paris, J. Vrin, 1974. (Bibliothèque d'histoire de la philosophie).

ALVERNY, Marie-Thérèse d' et HUDRY, Françoise, « Al-Kindi : *De radiis* », *Archives d'histoire doctrinale et littéraire du Moyen Âge*, vol. 41, 1974, p. 139-260.

BAKER, Tawrin, DUPRÉ, Sven, KUSUKAWA, Sachiko, LEONHARD, Karin (dir.), *Early Modern Color Worlds*, Leiden/Boston, Brill, 2016.

BARKER, Peter, « Kepler's Epistemology », *Method and Order in Renaissance Philosophy of Nature. The Aristotle Commentary Tradition*, éd. Daniel A. Di Liscia, Eckhard Kessler, Charlotte Methuen, Aldershot, Brookfield USA, Singapore, Sydney, Ashgate, 1997, p. 355-368.

BELLÈ, Ricardo, « Il corpus ottico mauroliciano. Origini e sviluppo », *Nuncius*, vol. 21, n° 1, 2006, p. 7-29.

BELLIS, Delphine, « The Perception of Spatial Depth in Kepler's and Descartes' Optics: a Study of an Epistemological Reversal », *Boundaries, Extents, and Circulations. Space and Spatiality in Early Modern Natural Philosophy*, éd. Jonathan Regier et Koen Vermeir, Dordrecht, Springer, 2016, p. 125-152.

BERETTA, Marco, éd., *When Glass Matters. Studies in the History of Science and Art from Graeco-Roman Antiquity to Early Modern Era*, Firenze, Olschki, 2004.

BUCHDAHL, Gerd, « Methodological Aspects of Kepler's Theory of Refraction », *Studies in History and Philosophy of Science*, vol. 3, n° 3, 1972, p. 265-298.

BURNETT, D. Graham, *Descartes and the Hyperbolic Quest*, Philadelphia, American Philosophical Society Press, 2005 (Transactions of the American Philosophical Society, vol. 95, n° 3).

BURNYEAT, Miles F., « Archytas and Optics », *Science in Context*, vol. 18, n° 1, 2005, p. 35–53.

BUZON, Catherine de, « Remarques sur l'interprétation de l'œuvre de Kepler », *Archives internationales d'histoire des sciences*, vol. 27, 1977, p. 72-81.

BUZON, Catherine de, « La propagation de la lumière dans l'optique de Kepler », *Roemer et la vitesse de la lumière*, Paris, J. Vrin, 1978, p. 73-82.

BUZON, Frédéric de, « Le problème de la sensation chez Descartes », *Le dualisme de l'âme et du corps*, éd. Jean-Louis Vieillard-Baron, Paris, J. Vrin, 1991, p. 85-99.

CARDONA, Carlos Alberto, « Kepler: Analogies in the search for the law of refraction », *Studies in History and Philosophy of Science. Part A*, vol. 59, 2016, p. 22-35.

CHEN-MORRIS, Raz D., « Optics, Imagination, and the Construction of Scientific Observation in Kepler's New Science », *The Monist*, vol. 84, n° 4, 2001, p. 453-486.

CHEN-MORRIS, Raz D., *Measuring shadows. Kepler's optics of invisibility*, The Pennsylvania State university Press, University Park [Penn.], 2016.

CHEN-MORRIS, Raz D. et UNGURU, Sabetai, « Kepler's Critique of the Medieval Perspectivist Tradition », *Optics and astronomy: Proceedings of the XXth international congress of history of science*, éd. Gérard Simon et Suzanne Débarbat, Turnhout, Brepols, 2001, p. 83-92.

CHEVALLEY, Catherine [= BUZON, Catherine de], « Sur le statut d'une question apparemment dénuée de sens : la nature immatérielle de la lumière », *XVIIᵉ siècle*, n° 3, 1982, p. 257-266.

CLAGETT, Marshall, « The Works of Francesco Maurolico », *Physis*, vol. 16, 1974, p. 148-198.

CROMBIE, Alistair C., « The Mechanistic Hypothesis and the Scientific Study of Vision », *Proceedings of the Royal Microscopical Society*, II, 1967, p. 1-112. Repris dans : A. C. Crombie, *Science, Optics and Music in Medieval and Early Modern Thought*, London and Ronceverte, The Hambledon Press, 1990, p. 175-284.

CROMBIE, Alistair C., « Expectation, Modelling and Assent in the History of Optics. I, Alhazen and the medieval Tradition », *Studies in the History and Philosophy of Science*, vol. 21, 1990, p. 605-632.

CROMBIE, Alistair C., « Expectation, Modelling and Assent in the History of Optics. II, Kepler and Descartes », *Studies in the History and Philosophy of Science*, vol. 22, 1991, p. 89-115.

DARRIGOL, Olivier, *A History of Optics. From Greek Antiquity to the Nineteenth Century*, Oxford, Oxford University Press, 2012.

DAUMAS, Maurice, éd., *Histoire de la science*, Paris, Gallimard, 1957. (Bibliothèque de la Pléiade).

DAXECKER, Franz, « Christoph Scheiner's eye studies », *Documenta Ophthalmologica*, vol. 81, 1992, p. 27–35.

DAXECKER, Franz, « Christoph Scheiners Untersuchungen zur physiologischen Optik des Auges », *Sammelblatt des Historischen Vereins Ingolstadt*, vol. 102/103, 1993/1994, p. 385–399.

DAXECKER, Franz, « Further studies by Christoph Scheiner concerning the optics of the eye », *Documenta Ophthalmologica*, vol. 86, 1994, p. 153–161.

DAXECKER, Franz, « Christoph Scheiner und die Optik des Auges », *Spektrum der Augenheilkunde*, vol. 18, 2004, p. 201-204.

DAXECKER, Franz, *The Physicist and Astronomer Christoph Scheiner: Biography, Letters, Works*, Innsbruck, Veröffentlichungen der Universität Innsbruck 246, 2004.

DAXECKER, Franz, « Christoph Scheiner und die Camera obscura », *Acta Historica Astronomiae* 28, Beiträge zur Astronomiegeschichte 8, 2006, p. 37–42.

DIJKSTERHUIS, Fokko Jan, *Lenses and waves. Christiaan Huygens and the mathematical science of optics in the seventeenth century*, Dordrecht [etc.], Kluwer, 2004. (Archimedes ; 9).

DUPRÉ, Sven, « Mathematical Instruments and the Theory of the Concave Spherical Mirror: Galileo's Optics beyond Art and Science », *Nuncius*, vol. 15, 2000, p. 551-588.

DUPRÉ, Sven, « Ausonio's Mirrors and Galileo's Lenses: The Telescope and Sixteenth-Century Practical Knowledge », *Galileiana*, 2, 2005, p. 145-180.

DUPRÉ, Sven, « Playing with Images in a Dark Room: Johannes Kepler's *Ludi* inside the *Camera Obscura* », *Inside the Camera Obscura. Optics and Art under the Spell of the Projected Image*, éd. Wolfgang Lefèvre, Berlin, Max-Planck-Institut für Wissenschaftsgeschichte, 2007, p. 59-73.

DUPRÉ, Sven, « Inside the *Camera Obscura*: Kepler's Experiment and Theory of Optical Imagery », *Early Science and Medicine*, vol. 13, n° 3, 2008, p. 219-244.

DUPRÉ, Sven & KOREY, Michael, « Inside the Kunstkammer: the circulation of optical knowledge and instruments at the Dresden Court », *Studies in History and Philosophy of Science. Part A*, vol. 40, issue 4, 2009, p. 405-420.

DUPRÉ, Sven, « Kepler's Optics without Hypotheses », *Synthese*, vol. 185, n° 3, 2012, p. 501-525.

DUPRÉ, Sven, « The Making of Practical Optics: Mathematical Practitioners' Appropriation of Optical Knowledge between Theory and Practice », *Mathematical Practitioners and the Transformation of Natural Knowledge in Early Modern Europe*, éd. Lesley B. Cormack, Steven A. Walton and John Schuster, Cham, Springer, 2017, p. 131-148.

DUPRÉ, Sven, « The Return of the Species: Jesuit Responses to Kepler's New Theory of Images », *Religion and the Senses in Early Modern Europe*, éd. Wietse de Boer & Christine Göttler, Leiden, Brill, 2012, p. 473-487.

EASTWOOD, Bruce, « Grosseteste's 'Quantitative' Law of Refraction: A Chapter in the History of Non-Experimental Science », *Journal of the History of Ideas*, vol. 28, 1967, p. 404-414.

EASTWOOD, Bruce, « Al-Farabi on Extramission, Intromission, and the Use of Platonic Visual Theory », *Isis*, vol. 70, 1979, p. 423-425.

EL-BIZRI, Nader, « A Philosophical Perspective on Alhazen's *Optics* », *Arabic Sciences and Philosophy*, vol. 15, n° 2, 2005, p. 189-218.

ESCOBAR, Jorge M., « Kepler's Theory of the Soul: a Study on Epistemology », *Studies in History and Philosophy of Science*, vol. 39, n° 1, 2008, p. 15-41.

FIELD, Judith V., « Two Mathematical Inventions in Kepler's *Ad Vitellionem Paralipomena* », *Studies in History and Philosophy of Science*, vol. 17, n° 4, 1986, p. 449-468.

FISHMAN, Ronald S., « Perish, Then Publish. Thomas Harriot and the Sine Law of Refraction », *Archives of Ophtalmology*, vol. 118, n° 3, 2000, p. 405-409.

GAL, Ofer et CHEN-MORRIS, Raz, « Baroque Optics and the Disappearance of the Observer: From Kepler's Optics to Descartes' Doubt », *Journal of the History of Ideas*, vol. 71, n° 2, 2010, p. 191-217.

GATTO, Romano, « Some Aspects of Maurolico's Optics », *Medieval and Classical Traditions and the Renaissance of Physico-mathematical Sciences in the 16ᵗʰ Century*, éd. Pier Daniele Napolitani et Pierre Souffrin, Turnhout, Brepols, 2001, p. 83-92.

HAMOU, Philippe, *La mutation du visible. Essai sur la portée épistémologique des instruments d'optique au XVIIᵉ siècle*. Tome 1, *Du* Sidereus Nuncius *à la* Dioptrique *cartésienne*, Villeneuve d'Ascq, Presses universitaires du Septentrion, 1999. (Savoirs et systèmes de pensée. Histoire des sciences).

HAMOU, Philippe, *Voir et connaître à l'âge classique*, Paris, Presses Universitaires de France, 2002. (Philosophie ; 153).

HEEFFER, Albrecht, « Kepler's near discovery of the sine law: A qualitative computational model », *Computer Modeling of Scientific Reasoning*, éd. Claudio Delrieux et Javier Legris, Bahia Blanca, Ediuns, 2003, p. 93-102.

HEEFFER, Albrecht, « The Logic of Disguise: Descartes' Discovery of the Law of Refraction », *Historia scientiarum. Second series: International Journal of the History of Science Society of Japan*, vol. 16, nº 2, 2006, p. 144-165.

HON, Giora, et ZIK, Yaakov, « Kepler's *Optical Part of Astronomy* (1604): Introducing the Ecliptic Instrument », *Perspectives on Science*, vol. 17, 2009, p. 307-345.

HON, Giora, et ZIK, Yaakov, « Magnification: How to Turn a Spyglass into an Astronomical Telescope », *Archive for History of Exact Sciences*, vol. 66, 2012, p. 439-464.

HOPPE, Edmund, *Geschichte der Optik*, Leipzig, J. J. Weber, 1926.

HYMAN, John, « The Cartesian Theory of Vision », *Ratio*, vol. 28, nº 2, 1986, p. 149-167.

JONES, Alexander, « On Some Borrowed and Misunderstood Problems in Greek Catoptrics », *Centaurus*, vol. 30, 1987, p. 1-17.

KACHLÍK, David, VICHNAR, David, MUSIL, Vladimir, KACHLÍKOVÁ, Dana, SZABO, Kristian et STINGL, Josef, « A Biographical Sketch of Johannes Jessenius: 410ᵗʰ Anniversary of his Prague Dissection », *Clinical Anatomy*, vol. 25, 2012, p. 149-154.

KEIRANDISH, Elaheh, *The Arabic Version of Euclid's Optics*, New York, Springer, 1999.

KEIRANDISH, Elaheh, « The Many Aspects of 'Appearances': Arabic Optics to 950 AD », *The Enterprise of Science in Islam*, éd. Jan Hogendijk et Abelhamid I. Sabra, Cambridge, MA, MIT Press, 2003, p. 55-83.

KITAO, T. Kaori, « *Imago* and *Pictura*: Perspective, Camera Obscura and Kepler's Optics », *La prospettiva rinascimentale. Codificazioni e trasgressioni*, vol. I, éd. Marisa Dalai Emiliani, Firenze, Centro Di, 1980, p. 499-510.

KNORR, Wilbur R., « The Geometry of Burning-Mirrors in Antiquity », *Isis*, vol. 74, 1983, p. 53-73.

KNORR, Wilbur R., « Archimedes and the Pseudo-Euclidean *Catoptrics*: Early

Stages in the Ancient Theory of Mirrors », *Archives internationales d'histoire des sciences*, vol. 35/114-115, 1985, p. 28-105.

KNORR, Wilbur R., « Pseudo-Euclidean Reflections in Ancient Optics », *Physis*, vol. 31, 1994, p. 1-45.

KOHL, Karl, « Über das Licht des Mondes, eine Untersuchung von Ibn al-Haitham », *Sitzungsberichte der Physikalisch-medizinischen Sozietät in Erlangen*, vol. 56–57, 1924–1925, p. 305–398.

KOYRÉ, Alexandre, *La révolution astronomique. Copernic, Kepler, Borelli*, Paris, Hermann, 1961. (Histoire de la pensée ; 3).

LEHN, Waldemar H. et WERF, Siebren van der, « Atmospheric refraction: a history », *Applied Optics*, vol. 44, 2005, p. 5624–5636.

LEJEUNE, Albert, « Archimède et la loi de la réflexion », *Isis*, vol. 38, 1947, p. 51–53.

LEJEUNE, Albert, « Les Postulats de la *Catoptrique* dite d'Euclide », *Archives internationales d'histoire des sciences*, 2, 1949, p. 598–613.

LEJEUNE, Albert, *Recherches sur la catoptrique grecque*, Bruxelles, Académie royale de Belgique, 1957.

LEJEUNE, Albert, *Euclide et Ptolémée. Deux stades de l'optique géométrique grecque*, Louvain, Bibliothèque de l'université, 1948. (Université de Louvain. Recueil de travaux d'histoire et de philologie, 3ᵉ série ; 31).

LINDBERG, David C., « Alhazen's Theory of Vision and Its Reception in the West », *Isis*, vol. 58, n° 3, 1967, p. 321-341.

LINDBERG, David C., « New Light on an Old Story », *Isis*, vol. 62, 1971, p. 522-524.

LINDBERG, David C., « Lines of Influence in Thirteenth-Century Optics: Bacon, Witelo, and Pecham », *Speculum*, vol. 46, 1971, p. 66-83.

LINDBERG, David C., *Theories of Vision from Al-Kindi to Kepler*, Chicago, The University of Chicago Press, 1976.

LINDBERG, David C., « The Science of Optics », *Science in the Middle Ages*, éd. David Lindberg, Chicago, London, The University of Chicago Press, 1978, p. 338-368.

LINDBERG, David C., « Optics in 16th-Century Italy », *Novità celesti e crisi del sapere*, éd. Paolo Galuzzi, Firenze, Giuti Barbera, 1983, p. 131-148.

LINDBERG, David C., « Laying the Foundations of Geometrical Optics: Maurolico, Kepler, and the Medieval Tradition », *The Discourse of Light from the Middle Ages to the Enlightenment*, Los Angeles, University of California, The William Andrews Clark Memorial Library, 1985, p. 1-65.

LINDBERG, David C., « The Genesis of Kepler's Theory of Light: Light Metaphysics From Plotinus to Kepler », *Osiris*, 2ᵈ series, vol. 2, 1986, p. 4-42.

LINDBERG, David C., « Kepler and the Incorporeality of Light », *Physics,*

Cosmology and Astronomy, 1300-1700: Tension and Accommodation, éd. Sabetai Unguru, Dordrecht, Boston, London, Kluwer, 1991, p. 229-250.

LINNIK, V. P., « Kepler's Works in the Field of Optics », *Vistas in Astronomy*, vol. 18, nº 1, 1975, p. 809-817.

LOHNE, Johannes A., « Thomas Harriott (1560-1621). The Tycho Brahe of optics », *Centaurus*, vol. 6, 1959, p. 113-121.

MALET, Antoni, « Keplerian Illusions: Geometrical Pictures vs. optical Images in Kepler's visual Theory », *Studies in the History and Philosophy of Science*, vol. 21, 1990, p. 1-40.

MANCOSU, Paolo, « Acoustics and Optics », *The Cambridge History of Science. Volume 3, Early modern Science*, éd. Katharine Park et Lorraine Daston, Cambridge, Cambridge University Press, 2006, p. 596-631.

MOLESINI, Giuseppe, « Testing Telescope Optics of Seventeenth-Century Italy », *The Origins of the Telescope*, éd. Albert van Helden et al., Amsterdam, KNAW Press, 2010, p. 271-280.

MOSCHEO, Rosario, *Francesco Maurolico tra Rinascimento e scienza galileiana. Materiali e ricerche*, Messina, Società Storia Patria Messina, 1988.

MOTA, Bernardo Machado, « The Astronomical Interpretation of *Catoptrica* », *Science in Context*, vol. 25, nº 4, 2012, p. 469-502.

MUGLER, Charles, *Dictionnaire historique de la terminologie optique des Grecs*, Paris, Klincksieck, 1964.

NEJESCHLEBA, Tomáš, *Jan Jessenius v kontextu renesanční filosofie [Johannes Jessenius dans le contexte de la philosophie renaissante]*. Praha, Vyšehrad, 2008.

OMAR, Saleh, *Ibn al-Haytham's Optics: A Study in the Origins of Experimental Science*, Minneapolis, Bibliotheca Islamica, 1977.

OVIO, Giuseppe, *L'Ottica di Euclide*, Milano, Hoepli, 1918.

PANTIN, Isabelle, « *Simulachrum, species, forma, imago*: What Was Transported by Light into the Camera Obscura? », *Early Science and Medicine*, vol. 13, nº 3, 2008, p. 245-269.

PECKER, Jean-Claude, « La Méthode de Kepler est-elle une non-méthode ? », *J. Kepler Mathematicus*, Paris, Société Astronomique de France, 1973, p. 99-129.

PÉOUX, Gérald, « *Opticae thesaurus* (1572) : la renaissance par l'imprimé de l'optique médiévale », *Mise en forme des savoirs à la Renaissance. À la croisée des idées, des techniques et des publics*, éd. Isabelle Pantin et Gérald Péoux, Paris, A. Colin, 2013, p. 41-62.

RASHED, Roshdi, « Le "Discours de la Lumière" d'Ibn al-Haytham (Alhazen). Traduction française critique », *Revue d'Histoire des Sciences*, t. 21, 1968, p. 197-224.

RASHED, Roshdi, « Optique géométrique et doctrine optique chez Ibn al-Haytham », *Archive for History of Exact Sciences*, vol. 6, 1970, p. 271-298.

RASHED, Roshdi, « Lumière et vision : l'application des mathématiques dans l'optique d'Ibn al-Haytham », *Roemer et la vitesse de la lumière*, Paris, J. Vrin, 1978, p. 19-44.

RASHED, Roshdi, « A Pioneer in Anaclastics: Ibn Sahl on Burning Mirrors and Lenses », *Isis*, vol. 81, 1990, p. 464-491.

RASHED, Roshdi, *Optique et mathématiques. Recherches sur l'histoire de la pensée scientifique arabe*, Aldershot, Ashgate, 1992. (Collected Studies Series ; 378).

RASHED, Roshdi, *Géométrie et dioptrique au Xe siècle. Ibn Sahl, Al-Qūbi et Ibn al-Haytham*, Paris, Les Belles Lettres, 1993. (Collection Sciences et philosophie arabes. Textes et études).

RASHED, Roshdi, *Les catoptriciens grecs. Vol I : Les miroirs ardents*, Paris, Les Belles Lettres, 2002.

RAYNAUD, Dominique, « L'ottica di al-Kindi e la sua eredità latina. Una valutatione critica », in S. Ebert-Schifferer, P. Roccasecca et A. Thieleman (dir.), *Lumen, Imago, Pictura. La luce nella storia dell'ottica*, Rome, De Luca, 2018, p. 173-204.

RAYNAUD, Dominique, *Optics and the Rise of Perspective. A Study in Network Knowledge Diffusion*, Oxford, Bardwell Press, 2014.

RAYNAUD, Dominique, *Studies on Binocular Vision*, Dordrecht, Springer, 2016.

RONCHI, Vasco, *Histoire de la lumière*, trad. Juliette Taton, Paris, A. Colin, 1956.

RONCHI, Vasco, *L'optique, science de la vision*, Paris, Masson, 1966. (Évolution des sciences ; 33).

RONCHI, Vasco, « Il Keplero conosceva l'ottica del Maurolico ? », *Atti della Fondazione Giorgio Ronchi*, vol. 37, 1982, p. 153-197.

RUDD, M. Eugene, « Chromatic Aberration of Eyepieces in Early Telescopes », *Annals of Science*, vol. 64, 2007, p. 2-18.

SABRA, Abdelhamid I., *Theories of Light from Descartes to Newton*, London, Oldbourne, 1967.

SABRA, Abdelhamid I., « Sensation and Inference in Alhazen's Theory of Visual Perception », *Studies in Perception*, éd. Peter K. Machamer et Robert G. Turnbull, Colombus, The Ohio State University Press, 1978, p. 160-185.

SABRA, Abdelhamid I., « Psychology versus Mathematics: Ptolemy and Alhazen on the Moon Illusion », *Mathematics and Its Applications to Science and Natural Philosophy in the Middle Ages*, éd. Edward Grant et John Murdoch, Cambridge, Cambridge University Press, 1987, p. 217-247.

SABRA, Abdelhamid I., « Form in Ibn al-Haytham's Theory of Vision », *Zeitschrift für Geschichte der arabischen-islamischen Wissenschaften*, vol. 5, 1989, p. 115-140.

SABRA, Abdelhamid I., « One Ibn al-Haytham or Two? An Exercise in Reading the Bio-Bibliographic Sources », *Zeitschrift für Geschichte der arabischen-islamischen Wissenschaften*, vol. 12, 1998, p. 1-40.

SABRA, Abdelhamid I., « The 'Commentary' That Saved the Text: The Hazardous Journey of Ibn al-Haytham's Arabic Optics », *Early Science and Medicine*, vol. 12, 2007, p. 117-133.

SCHUSTER, John A., « Descartes Opticien: The Construction of the Law of Refraction and the Manufacture of its Physical Rationales, 1618-1629 », *Descartes' Natural Philosophy*, éd. Stephen Gaukroger et John A. Schuster, London, New York, Routledge, 2000, p. 258-312.

SCHUSTER, John A., « "Waterworld": Descartes' Vortical Celestial Mechanics and Cosmological Optics. A Gambit in the Natural Philosophical Contest of the Early Seventeenth Century », *The Science of Nature in the Seventeenth Century: Patterns of Change in Early Modern Natural Philosophy*, éd. John A. Schuster et Peter Anstey, Dordrecht, Springer, 2005, p. 35-79.

SHAPIRO, Alan E., « Images: Real and Virtual, Projected and Perceived, from Kepler to Dechales », *Early Science and Medicine*, vol. 13, n° 3, 2008, p. 270-312.

SIMMONS, Alison, « Spatial Perception from a Cartesian Point of View », *Philosophical Topics*, vol. 31, n° 1-2, 2003, p. 395-424.

SIMMS, D. L., « Archimedes and the Burning Mirrors of Syracuse », *Technology and Culture*, vol. 18, n° 1, 1977, p. 1-24.

SIMON, Gérard, « On the Theory of Visual Perception of Kepler and Descartes: Reflections on the Role of Mechanism in the Birth of Modern Science », *Vistas in Astronomy*, vol. 18, n° 1, 1975, p. 825-832

SIMON, Gérard, *Structures de pensée et objets du savoir chez Kepler* ; 2 vol. [Thèse : Philosophie : Paris IV, 1976]. Lille, Service de reproduction des thèses de l'Université de Lille III, 1979.

SIMON, Gérard, *Kepler astronome astrologue*, Paris, Gallimard, 1979. (Bibliothèque des sciences humaines).

SIMON, Gérard, « Derrière le miroir », *Le Temps de la réflexion*, n° 2, 1981, p. 298-331.

SIMON, Gérard, *Le regard, l'être et l'apparence dans l'optique de l'Antiquité*, Paris, Seuil, 1988. (Des travaux).

SIMON, Gérard, « De la reconstitution du passé scientifique : à propos de l'histoire des sciences, entre autres histoires », *Le débat*, vol. 66, 1991, p. 134-147.

SIMON, Gérard, « L'Optique d'Ibn al-Haytham et la tradition ptoléméenne », *Arabic Sciences and Philosophy*, vol. 2, n° 2, 1992, p. 203-235.

SIMON, Gérard, « Aux origines de la théorie des miroirs : sur l'authenticité de la *Catoptrique* d'Euclide », *Revue d'histoire des sciences*, vol. 47, n° 2, 1994, p. 259–272.

SIMON, Gérard, *Sciences et savoirs aux XVIe et XVIIe siècles*, Villeneuve d'Ascq,

Presses du Septentrion, 1996. (Savoirs et systèmes de pensée. Histoire des sciences).

SIMON, Gérard, « La psychologie de la vision chez Ptolémée et Ibn al-Haytham », *Perspectives arabes et médiévales sur la tradition scientifique et philosophique grecque*, éd. Ahmed Hasnaoui, Abdelali Elamrani-Jamal, Maroun Aouad, Louvain, Peeters, 1997, p. 189-207.

SIMON, Gérard, « La théorie cartésienne de la vision, réponse à Kepler et rupture avec la problématique médiévale », *Descartes et le Moyen Âge*, éd. Joël Biard et Roshdi Rashed, Paris, J. Vrin, 1998, p. 107-117.

SIMON, Gérard et DÉBARBAT, Suzanne, éd., *Optics and Astronomy*, Turnhout, Brepols, 2001. (De diversis artibus ; 55. Nouvelle série 18).

SIMON, Gérard, *Archéologie de la vision : l'optique, le corps, la peinture*, Paris, Seuil, 2003. (Des travaux).

SIMON, Gérard, « L'expérimentation sur la réflexion et la réfraction chez Ptolémée et Ibn al-Haytham », *De Zénon d'Élée à Poincaré. Recueil d'études en hommage à Roshdi Rashed*, éd. Régis Morelon et Ahmad Haznawi, Leuven, Peeters, 2004, p. 335-375.

SIMON, Gérard, *Sciences et histoire*, Paris, Gallimard, 2008. (Bibliothèque des histoires).

SMITH, A. Mark, « Getting the Big Picture in Perspectivist Optics », *Isis*, vol. 72, n° 4, 1981, p. 568-589.

SMITH, A. Mark, « Saving the Appearances of the Appearances: The Foundations of Classical Geometrical Optics », *Archive for History of Exact Sciences*, vol. 24, 1981, p. 73-100.

SMITH, A. Mark, « Ptolemy's Search for a Law of Refraction: A Case-Study in the Classical Methodology of 'Saving the Appearances' and Its Limitations », *Archive for History of Exact Sciences*, vol. 26, 1982, p. 221-240.

SMITH, A. Mark, *Descartes's Theory of Light and Refraction: A Discourse on Method*, Philadelphia, American Philosophical Society Press, 1987. (Transactions of the American Philosophical Socicty, vol. 77, n° 3).

SMITH, A. Mark, « The Psychology of Visual Perception in Ptolemy's Optics », *Isis*, vol. 79, n° 2, 1988, p. 188-207.

SMITH, A. Mark, « Extremal Principles in Ancient and Medieval Optics », *Physis*, vol. 31, 1994, p. 113-140.

SMITH, A. Mark, « Ptolemy, Alhazen and Kepler and the Problem of optical Images », *Arabic Sciences and Philosophy*, 8, 1998, p. 9-44.

SMITH, A. Mark, « The Physiological and Psychological Grounds of Ptolemy's Visual Theory: Some Methodological Considerations », *Journal of the History of the Behavioral Sciences*, vol. 34, 1998, p. 231-234.

SMITH, A. Mark, *Ptolemy and the Foundations of Ancient Mathematical Optics*,

Philadelphia, Americal Philosophical Society Press, 1999 (Transactions of the American Philosophical Society, vol. 89, n° 3).

SMITH, A. Mark, « Le *De Aspectibus* d'Alhacen : révolutionnaire ou réformiste ? », *Revue d'histoire des sciences*, vol. 60, 2007, p. 65-81.

SMITH, A. Mark, « Alhacen's Approach to 'Alhazen's Problem' », *Arabic Sciences and Philosophy*, 18, 2008, p. 143-163.

SMITH, A. Mark, *From Sight to Light. The Passage from Ancient to Modern Optics*, Chicago, The University Press of Chicago, 2015.

SPRUIT, Leen, *Species Intelligibilis. From Perception to Knowledge*, 2 vol., Leiden, New York, Köln, Brill, 1994-1995. (Brill's studies in intellectual history ; 48-49).

SPRUIT, Leen, « Espèces et esprits dans la théorie de la vision de Kepler », *Du visible à l'intelligible. Lumière et ténèbres de l'Antiquité à la Renaissance*, éd. Christian Trottmann et Anca Vasiliu, Paris, H. Champion, 2004, p. 173-193.

STRAKER, Stephen Mory, *Kepler's Optics: a Study in the Development of Seventeenth-Century Natural Philosophy*, PhD dissertation, Indiana University, 1971.

STRAKER, Stephen Mory, « The Eye Made 'Other': Dürer, Kepler, and the Mechanisation of Light and Vision », *Science, Technology, and Culture in Historical Perspective*, 1976, p. 7-25.

STRAKER, Stephen Mory, « Kepler, Tycho, and the 'Optical Part of Astronomy': the Genesis of Kepler's Theory of Pinhole Images », *Archive for History of Exact Sciences*, vol. 24, 1981, p. 267-293.

TAKAHASHI, Ken'ichi, *The Medieval Latin Traditions of Euclid's* Catoptrica, Kyushu, Kyushu University Press, 1992.

THEISEN, Wilfrid, *The Medieval Tradition of Euclid's* Optics, PhD dissertation, University of Wisconsin, Madison, 1972.

THEISEN, Wilfrid, « *Liber de visu*: The Greco-Latin Translation of Euclid's *Optics* », *Mediaeval Studies*, vol. 41, 1979, p. 44-105.

VAN HELDEN, Albert, « The Telescope in the Seventeenth Century », *Isis*, vol. 65, 1974, p. 38-58.

VAN HELDEN, Albert, *The Invention of the Telescope*, Philadelphia, American Philosophical Society Press, 1977 (Transactions of the American Philosophical Society, vol. 67, n° 4).

VAN HELDEN, Albert, éd., *The Origins of the Telescope*, Amsterdam, KNAW Press, 2010.

VANAGT, Katrien, « Early Modern Medical Thinking on Vision and the Camera Obscura. V. F. Plempius' *Ophtalmographia* », *Blood, Sweat and Tears. The Changing Concept of Physiology from Antiquity into Early Modern Europe*, éd. Manfred Horstmanshoff, Helen King et Claus Zittel, Leiden, Brill, 2012, p. 569-593.

WILDE, Emil, *Geschichte der Optik*. Erster Theil, *Von Aristoteles bis Newton*, Berlin, Rücker und Püchler, 1838.

WOLF-DEVINE, Celia, *Descartes on Seeing. Epistemology and Visual Perception*, Carbondale, Edwardsville, Southern Illinois University Press, 1993. (The Journal of the History of Philosophy Monograph Series).

INDEX DES NOMS

INDEX DES NOTIONS ET DES TERMES
FRANÇAIS, LATINS ET GRECS

INDEX LOCORUM

TABLE DES MATIÈRES

GÉRARD SIMON

KEPLER,
RÉNOVATEUR DE L'OPTIQUE

Achevé d'imprimer par Corlet Numéric,
Z.A. Charles Tellier, Condé-en-Normandie (Calvados). N° d'impression : 158931
Imprimé en France